防汛抢险培训系列教材

河道整治工程与建筑物工程防汛抢险

江苏省防汛防旱抢险中心　　江苏省防汛抢险训练中心◎编

中国水利水电出版社
www.waterpub.com.cn
·北京·

内 容 提 要

本书在河道整治工程发生险情的机理和建筑物常见险情的发生机理和抢护上做了较深入的探讨。本书参阅了大量的相关文献，同时吸收和借鉴了近年来国内大江大河的抗洪抢险实践经验和最新研究、创新成果，力求全面、系统地阐述各类河道整治工程险情的发生机理和抢护技术方法。全书共 5 章，包括河道工程概述、河道整治工程出险的影响因素、河道整治工程巡查与监测、河道工程险情抢护、建筑物工程险情发生机理及抢护。

本书可作为水利工作者、防汛抢险队伍技术培训的教科书和工具书，也可作为防汛抢险指挥人员的参考资料。

图书在版编目（ＣＩＰ）数据

河道整治工程与建筑物工程防汛抢险 ／ 江苏省防汛防旱抢险中心，江苏省防汛抢险训练中心编. -- 北京 ：中国水利水电出版社，2019.4（2023.7重印）
防汛抢险培训系列教材
ISBN 978-7-5170-7586-8

Ⅰ．①河… Ⅱ．①江… ②江… Ⅲ．①河道整治－水利工程－防洪－技术培训－教材②建筑物－建筑工程－防洪－技术培训－教材 Ⅳ．①TV882②TU761

中国版本图书馆CIP数据核字（2019）第070123号

书 名	防汛抢险培训系列教材 **河道整治工程与建筑物工程防汛抢险** HEDAO ZHENGZHI GONGCHENG YU JIANZHUWU GONGCHENG FANGXUN QIANGXIAN
作 者	江苏省防汛防旱抢险中心 江苏省防汛抢险训练中心　编
出版发行	中国水利水电出版社 （北京市海淀区玉渊潭南路 1 号 D 座　100038） 网址：www.waterpub.com.cn E - mail：sales@mwr.gov.cn 电话：（010）68545888（营销中心）
经 售	北京科水图书销售有限公司 电话：（010）68545874、63202643 全国各地新华书店和相关出版物销售网点
排 版	中国水利水电出版社微机排版中心
印 刷	清淞永业（天津）印刷有限公司
规 格	184mm×260mm　16 开本　6.75 印张　160 千字
版 次	2019 年 4 月第 1 版　2023 年 7 月第 2 次印刷
印 数	5001—7000 册
定 价	**39.00 元**

编　委　会

主　　审　刘丽君

主　　编　马晓忠

副 主 编　王　荣　王新华

编写人员　谢朝勇　傅　亮　王　瑄　刘爱明

　　　　　　　王茂运　唐家永　端　骏　赵志文

前言

　　防汛抢险事关人民群众生命财产安全和经济社会发展的大局，历来是全国各级党委和政府防灾、减灾、救灾工作的重要任务。为提高各级防汛抢险队伍面对洪涝灾害时的应急处置能力，做到科学抢险、精准抢险，江苏省防汛防旱抢险中心编写了防汛抢险培训系列教材。本系列教材是根据江苏等平原地区防汛形势和防汛抢险的特点，针对防汛抢险专业技能人才、防汛抢险指挥人员培训教育的实际需求，在全面总结新中国成立以来江苏省防汛抢险方面的工作经验的基础上，归纳提炼而成，具有一定的科学性、实用性。本系列教材包含《防汛抢险基础知识》《堤防工程防汛抢险》《河道整治工程与建筑物工程防汛抢险》《常见防汛抢险专用设备管理和使用》《常见防汛抢险通用设备管理和使用》5 个分册。

　　本系列教材在编写过程中，得到了江苏省防汛防旱指挥部办公室和江苏省水利系统内多位专家、学者的精心指导，扬州大学在资料收集、整理筛选等方面做了大量的工作，在此一并致以感谢。

　　《河道整治工程和建筑物工程的防汛抢险》分册共分 5 章，从河道工程概述、河道整治工程出险的影响因素、河道整治工程巡查与监测、河道工程险情抢护、建筑物工程险情发生机理及抢护等几个方面做了较深入的探讨。

　　限于编者水平有限，加之时间仓促，疏误之处在所难免，敬请同行及各界读者批评指正。

编者

2019 年 1 月

目录

第1章

河 道 工 程 概 述

为了调整、稳定河道主流位置，改善水流、泥沙运动及河道冲刷淤积部位，达到满足各项河道整治而修建的河工建筑物，称为河道整治建筑物。常用的有护岸、丁坝、顺坝、锁坝、桩坝、沉排等。河道工程建筑物可用土、石、竹、木、混凝土、金属、土工织物等河工材料修筑，也可用河工材料制成的构件，如梢捆、柳石枕、石笼、混凝土块等修筑。按照工程实现手段，河道工程可分为两类：一类是在河道上修建整治建筑物，以调整水流泥沙运动方向，从而控制河床的冲淤变形；另一类是疏浚或爆破，多用于航道工程中，通过直接改变河床形态，达到增加航道尺度的目的。这两类方法有时分别使用，有时结合使用。本章仅介绍河道工程的第一类。

第1节 河 流 概 述

河道（河流）是陆地表面宣泄水体的通道，自然河道一般不能满足人类多种需求，甚至因河道洪水泛滥给人类带来灾难，应采取各种措施改善河道边界条件以满足人类各项需要（即进行河道整治）。

1.1.1 水系

每条河流都有河源和河口。河源是河流的发源地，如发源于某地的泉水、湖泊、沼泽或冰川；河口是河流的终点，如流入海洋、河流、湖泊、沼泽、沙漠等。除河源和河口外，根据水文和河谷特征，还将河流划分为上游、中游、下游三段。

由大小不同的河流、湖泊、沼泽和地下暗流等组成的脉络相通的水网系统称为水系，也叫河系或河网，水系以它的干流名称或以其注入的湖泊、海洋名称命名。

在同一水系中，把汇集流域内总水量的流程较长、水量较大的骨干河道称为干流（也称为主河），也习惯把直接流入海洋或内陆湖泊，或最终消失于荒漠的河流称为干流。把直接或间接流入干流的河流统称为支流，其中把直接汇入干流的支流称为一级支流，汇入一级支流的支流称为二级支流，依次可分为多级支流。

1.1.2 河流分类

较大的河流称为江、河、川，较小的河流称为溪、涧、沟、渠等。河流常根据河口、流经地区地理位置、河道平面形态、水源补给条件等不同进行分类。

1. 根据河口分类

把直接流入海洋的河流称为入海河流（外流河）；把流入河流（如支流）、内陆湖泊、沼泽及消失在沙漠中的河流统称为内流河，其中又把消失在沙漠中的河流称为瞎尾河。

2. 根据流经地区地理位置分类

根据河流流经地区地理位置不同，河流可分为山区河流和平原河流。

（1）山区河流。河流流经地势陡峻、地形复杂的山区。山区河流具有以下特点：①平面形态复杂，急弯、卡口、巨石突出，岸边不规则；②河道横断面形态常呈现比较窄深的V形或U形；③河道纵剖面比降较陡，河底不规则，伴有浅滩、深潭、跌水瀑布等现象；④河道比较稳定，演变缓慢；⑤洪水暴涨陡落。

（2）平原河流。流经地势平坦、土质松散的平原地区。平原河流具有以下特点：①平面形态多变；②河道横断面比较宽浅，大多伴有河漫滩而呈复式断面；③河道纵坡面比降较平缓，沿程深槽与浅滩相间；④河床上有深厚的冲积层，河道冲淤变化大；⑤洪水涨落过程平缓，持续时间较长。

3. 根据河道平面形态分类

根据河道平面形态不同，河流分为游荡型、弯曲型、分汊型、顺直型河流或河段。

（1）游荡型河流。多分布在河流的中、下游。它具有以下特点：①河道宽浅，宽窄相间，如藕节状；②窄段水流集中，宽段水流散乱、沙滩密布、汊道交织、主流摆动不定；③河床冲淤变化迅速，同流量下的含沙量变化大；④洪水暴涨暴落，水位变化大。

（2）弯曲型河流。这是冲积平原河流常见河型，由正反相间的弯道和介于两弯道之间的直段连接而成。它具有以下特点：①河道弯曲，有弯道横向环流现象，深槽紧靠凹岸，边滩依附凸岸，河道较窄深，宽度变化范围小；②主河槽较稳定，河势变化相对较小；③冲刷和淤积位置变化不大，一般是凹岸冲刷、凸岸淤积；④洪水位表现比较稳定。

（3）分汊型河流。分为多股（汊道），汊道之间有沙滩或岛屿，又分为顺直分汊型河段、弯曲分汊型河段、鹅头形分汊型河段及复杂分汊型河段。

（4）顺直型河流。外形相对顺直。

4. 根据水源补给条件分类

根据水源补给条件，河流分为雨水补给型河流、高山冰雪补给型河流和地下水补给型河流三类。较大河流一般是两种或三种补给方式并存。

另外，为沟通水系、发展水上交通而人工开挖的河道称为运河或渠；为分泄洪水而人工开挖的河道称为减河，也有的称为入海水道等。

1.1.3　河床演变

河道在自然条件下或受到人为干扰时所发生的变化称为河床演变，包括在水深方向（淤高、刷深）、河道横向（反映河道的平面位置变化）及沿流程方向的变化。影响河床演变的因素很多，主要是泥沙、水流以及河床的形式。这些因素相互作用，使河床不断地发生变化。

1. 河流泥沙

（1）泥沙来源。河流泥沙主要来源于流域水土流失（土壤侵蚀），每年每平方千米地面被冲蚀所产生泥沙的数量称为侵蚀模数，土壤结构疏松、抗冲蚀能力差、气候干燥、植被稀少、坡陡沟深、暴雨集中及人类不合理开发是导致水土流失的主要原因。河流泥沙还来自水流对河床的冲刷，当来沙少于挟沙能力时，水流就会挟带河床泥沙而形成冲刷。

（2）泥沙运动。处在动水中的泥沙，受重力作用而有下沉趋势，受水流紊动（混掺、上浮、扩散）作用可被长距离挟带。当重力作用超过紊动扩散作用时，泥沙将下沉淤积河床；当紊动扩散作用超过重力作用时，泥沙将被上浮而冲刷河床。含沙量在铅垂线上的分布是上稀、下浓，泥沙颗粒在铅垂线上的分布是上细、下粗，河面宽度方向的含沙量分布是流速小的区域含沙量小。

2. 河床演变的原理和形式

（1）河床演变的基本原理。水流具有与之相对应的挟沙能力（一定水沙条件下单位水体所能挟带悬移质或悬移质中床沙质的数量称为该水流的挟沙能力，简称挟沙力），当来沙量与水流挟沙能力相适应时，水流处于输沙平衡状态，河床不冲不淤；当水流处于输沙不平衡状态时，河床将发生淤积或冲刷，造成河床变形（河床演变）。河床演变以水为动力，以泥沙为纽带，来沙与输沙不平衡引起冲刷或淤积是河床演变的基本原理。

（2）影响河床演变的主要因素。

1）来水量及来水过程。

2）来沙量、来沙组成及来沙过程。

3）河道比降及其沿程变化。

4）河床形态、地质地形及其他边界条件等。

（3）河床演变形式。从断面形状和平面位置的变化分析，河床演变可分为纵向变形、横向变形；从河床演变的长期发展过程（总趋势）分析，可分为单向变形和循环往复变形。

1）从断面形状和平面位置的变化分析。在水深方向，河床演变表现为冲刷下切或淤积抬高；沿流程纵向，河床演变表现为纵剖面的冲淤变化，通常表现为上游河段河床下切、下游河段河床淤积抬高；沿流程横向，河床演变表现为河道在平面位置上的摆动，这是由于河岸冲刷或淤积使河湾发展所致。

2）从河床演变的长期发展过程（总趋势）分析。如果河床在相当长的时间内向一个方向变化（冲刷或淤积）则称为单向变形，如黄河下游河床总趋势是淤积抬高而成为悬河；如果在较短的时间内河床处于冲刷与淤积的交替变化，则称为循环往复变形。

3）弯曲型河段的河床演变。水流入弯后主流贴近凹岸流动；受离心力（表层水流离心力大）作用，使凹岸水位壅高，在压力差作用下使底层水流流向凸岸，形成横向环流，横向环流与水流纵向流动组合成螺旋流；由于表层水流含沙量小、底层水流含沙量大，造成了横向输沙不平衡，引起凹岸冲刷、坍塌、后退，凸岸淤积、淤进，使弯道越来越弯曲、弯道顶点不断向下游移动，这种复合变化称为蠕动，随着不断演变形成 S 形河湾，甚至成 Ω 形河环，发展到一定程度将影响行洪能力，遇较大洪水可能自然裁弯；弯曲型河段沿流程呈现凹岸深槽与凸岸或过渡段浅滩的交替变化，这种深槽与浅滩也在随着河道流量的大小而发生变化，如洪水期间刷槽、淤滩，枯水期间淤槽、冲滩。

4）分汊型河段的河床演变。洪水期水流漫过江心洲，一部分泥沙将在洲上落淤，使得江心洲不断增高，当洲上筑堤围垦时，淤积就停止了；江心洲头部由于受到水流的顶冲作用，通常不断崩坍后退，而尾部在螺旋流的作用下，不断淤积延伸，因而整个江心洲就以缓慢的速度向下游移动；在一般情况下，分汊河道的主、支汊有交替发展的趋势，并有明显的周期性，这种现象在长江中下游比较常见，但周期较长，一般是数十年甚至上百年。

第 2 节　河道整治建筑物的类型和基本要求

河道整治工程是为稳定河槽，或缩小主槽游荡范围、改善河流边界条件及水流流态而采取的工程措施。从不同的角度出发，河道整治工程建筑物有不同的分类。根据建筑物的使用年限和材料、建筑物与水位的关系、建筑物对水流的干扰情况等，可将河道整治建筑物工程分为不同的类型。

1.2.1　河道整治工程建筑物的类型

1. 按照建筑物的使用年限和材料分类

河道整治工程按照建筑物的使用年限和材料，可分为永久性（或重型）工程和临时性（或轻型）工程。

永久性建筑物是长期使用的工程，其抗冲和耐久性能较强，使用年限也长，一般多用土、石、混凝土、钢材等牢固耐久的重型材料修建。长期在水下工作的土工织物类构件也是一种永久性建筑材料。

临时性建筑物的主要功用是防止可能发生的事故或在短时间内消除事故，其抗冲和耐久性能相对较弱，使用年限也短，所用的材料多就地采取，一般用竹、木、苇、梢秸料并辅以土石料修建。

2. 按照建筑物与水位的关系分类

按照建筑物与水位的关系，可分为淹没式和非淹没式。

在各种水位下都被淹没或中、枯水时外露，而洪水时遭受淹没的，称为淹没式河道建筑物，也称为潜坝。在各种水位下都不遭受淹没的，称为非淹没式河道建筑物。前者多用于枯水或中水控导工程；而后者则用于调整洪水流势，或调整多种水位。

3. 按照整治建筑物对水流的干扰情况分类

按照整治建筑物对水流的干扰情况，可分为非透水整治建筑物、透水整治建筑物和环流整治建筑物。

（1）非透水整治建筑物是由土、石、金属、混凝土等实体抗冲材料筑成的，它不允许水流从建筑物的内部通过，只允许水流绕流或漫溢，对水流起挑流、导流、堵塞等较大的干扰作用，多用于重型的永久性工程。例如，一般的抛石或砌石护岸、丁坝或垛、土工枕、模袋混凝土等构成的各种河道工程建筑物均属此类。由于这类建筑物前的冲刷坑深，往往存在着基础被淘刷而影响工程自身稳定的问题。

（2）透水整治建筑物由竹、木、桩、树、梢秸料、铅丝等材料筑成，它不仅允许水流绕流、漫溢，而且能让一部分水流通过建筑物本身，从而引起河床过水断面流速、流量的重新分配，起到缓流落淤、消能防冲和一定的导流作用，多用于临时性工程。例如，构搓、挂柳、钢筋混凝土框架坝垛、钢管网坝等即属此类。透水建筑物导流能力较非透水建筑物小，建筑物前冲刷坑也浅。

（3）环流整治建筑物又称为导流建筑物或导流装置，是在水流中人工造成环流，通过环流来调整泥沙运动方向，从而达到控制河床冲淤变化的目的，多用于引水口和护岸工程中。

4. 按照建筑物对水流影响的性质分类

河道工程按照建筑物对水流影响的性质，可分为被动性建筑物和主动性建筑物。

（1）被动性建筑物的作用是防止水流的有害作用，但不改变水流结构。被动性建筑物常做成顺坝或护岸的形式以引导水流，使其逐渐离开被冲河岸，并使水流在行近水工建筑物或桥梁时流向与其平行。

（2）主动性建筑物对水流产生积极影响，即按所需流向改变水流结构。建筑物的结构形式为丁坝、横堤及镇坝等，将全部或部分水流挑离被冲河岸，形成各相邻丁坝间发生淤积的条件。

两类建筑物对水流起不同的作用，这就形成它们不同的工作条件。被动性建筑物（如顺坝）对水流的作用发生在建筑物的全部长度上，即从开始部分（称为头部）至末尾部分都是一样的，所以在其全部长度上，受到水流淘刷的危险程度差不多是相同的。主动性建筑物（如丁坝）的情形与此相反，其作用是逐渐使水流偏向，建筑物的开始部分紧接河岸，称为根部，受其作用的是少部分的小流速水流，建筑物的另一端伸入水流中，称为头部，受水流的主力冲击。建筑物的根部（如位置适宜）受水流淘刷轻微，但建筑物的头部附近则受强烈冲刷，故形成冲刷坑。

护岸型河道工程是为了保护河岸免遭水流的冲刷破坏，它也是控导河势、固定河床的一种重要工程。护岸工程可以是平顺的护脚护坡形式，也可以是短丁坝或矶头的形式，也可采用桩墙式或其他的护岸型式。平顺护岸、桩墙式护岸属于单纯的防御性工程，对水流干扰较小；坝式护岸则是通过改变和调整水流方向间接性地保护河岸。在某些情况下，两者也可结合使用。但无论采用哪种护岸工程形式，都必须与所在河段的具体情况相适应。实践证明，对局部河段进行孤立的护岸是无益的。

1. 2. 2　河道整治建筑物的基本要求

河道整治建筑物应具有足够的抗冲性，能抵抗水流冲击。在水压力的作用下，应具有足够的强度和抗滑及抗倾覆的稳定性。地基要有足够的承载力，而且能够保持渗透稳定。整治建筑物还应具有一定的柔性，以适应基础变形而不致破坏建筑物的强度。建筑物还应便于施工和维修。

抗水流冲击能力可用允许拖曳力 $\delta = \rho g h J$ 或用允许流速 v 来表达。其中 ρ 为水的密度，g 为重力加速度，h 为水深，J 为水面比降。

建筑物的强度和抗滑、抗倾覆对于挡水的大堤和穿堤建筑物必须满足规范要求。

地基的承载能力要保证建筑物不发生破坏和发生过大的变形。地基的渗透稳定要防止发生管涌和流土破坏。

建筑物的柔性由填筑在建筑物中的块体，如石块、石笼、梢捆、沉排、框架等来保证。当基础受到淘刷后，建筑物易于变形，随之把冲刷坑充填覆盖。

第 3 节　河道整治措施及工程布局

河道与许多经济部门密切相关，在河道整治方面与之最密切相关的两个部门是防洪和航运。各方对河道整治的要求也不同，河道工程在平面上的整体布置，因各方的要求不同其布置形式也不同。所以，在一条河流上要综合考虑各方利益。

河道工程平面布局包括治理河段上下游、左右岸各类工程线的布设情况及相对应关系，一组工程的平面位置线的型式、长度和该组工程内各坝垛平面型式及其相互关系。

河道工程建筑物的平面布置很重要，若工程布置不适当，不仅不能改良现有状况，反而会使其恶化；若布置适当，则可用较少的工程得到较大的效果。

1.3.1　防洪对河道整治的要求

河道防洪任务的完成要依赖于流域内广大面积上的水土保持，上、中游的防洪水库，河道本身的整治以及分洪工程等。防洪对河道的要求如下。

1. 泄洪断面

每一河段要确定防洪标准和设计洪水，要有足够的泄洪断面，能通过该河段的设计洪水流量，承受设计洪水水位。

2. 泄流顺畅

河道应较为顺畅，无过分弯曲的河段，也无过分束窄的河段。一般河道总是弯曲的或束窄，会在汛期时泄洪不畅，抬高洪水位，水流冲刷力增大，将冲刷河岸和堤防。

3. 河势要比较稳定

河道水流是处在不断变化中的，水流尤其是主流的变化常给防汛带来许多问题。例如，在主流变化过程中会造成大量滩地坍塌，至堤防处就有决口之忧，必须进行防护。在主流变化的过程中，为保堤防等建筑物的安全，必须及时进行防护，若主流得不到控制，处于大幅度的变化状态，将会大大增加防护工程的长度，使已有的工程失去原有的防护作用。

1.3.2　河道整治工程布局

以防洪为主要目的河道整治，要求中水要有稳定的流路，并要与洪水流路大体一致；否则，在河势变化中就会造成大面积的塌滩，水流到堤防后就要危及堤防的安全，或者主流槽靠堤防的位置发生变化，沿堤防形成新的险工，抢护不及时就可能造成堤防决口。因此，必须采取整治措施，稳定中水河势。

1. 河道整治的布置原则

稳定河势的主要措施就是修建河道整治工程（图 1.1）。河道整治工程要依照治导线布设，但不需要沿治导线两岸都布设工程，只在治导线凹岸布设即可，两岸整治工程的长度超过河道主流线长度的80％时，只要工程布设得当，一般可以基本控制河势。

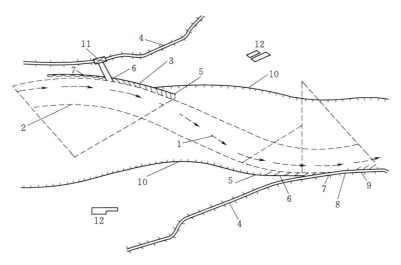

图 1.1　稳定河势的河道整治工程示意图

1—主流线；2—治导线；3—控导工程；4—堤防；5—丁坝；6—连坝；
7—垛；8—险工；9—护岸；10—滩沿；11—引水闸；12—村庄

（1）工程线。

1）定义。每一处河道整治工程的丁坝（垛或矶头）头部的连线，称为整治工程位置线，简称工程线。采用护岸的即为护岸线。它是依照治导线而确定的凹入形布局形式。

2）位置确定。在确定整治工程位置线时，要根据该工程的位置及外形，并要充分分析河势演变的各种情况，预估最上的靠河部位，以免在河势上提时主流从工程背后通过，造成大的河势变化。完整的弯道一般包括三部分：上段为迎流段，一般采用大的弯曲半径甚至直线，以利迎流入弯；中段为导流段，宜采用较小的弯曲半径，以便在较短的距离内改变水流的方向；下段为导流段，弯曲半径比中段稍大，以便送流出弯。一处弯道工程的工程线，其中、下段多与治导线重合，其上段要较治导线的弯曲半径大或采用与治导线相切的直线使工程线后退，以适应河势的变化。整治工程位置线宜采用连续弯道式，即工程线为一条光滑的复合圆弧线，是以坝护弯、以弯导流的形式。这样的弯道工程，诸坝受力均匀，导流能力强，出流方向稳，有利于稳定该工程及下弯的河势。

（2）分汊河道工程布局。分汊河道的分汊对国民经济各部门是有利的，可采取工程措施把汊型固定下来，如图1.2所示，先确定整治河段外形，在分汊型河段的上游节点处、汊道入口处和汊道中部易冲刷坍塌段，以及河心洲的首部和尾部分别修建整治建筑物，以实现稳定河势、固定汊道的目的。

当分汊型河段的发展与国民经济的发展不相适应，但又不准备采取塞支强干的措施时，可采取改善汊道的措施。在分析该河段汊道演变规律的基础上，可通过修建丁坝或顺坝调整水流，或通过疏浚或爆破调整河床，以实现改善汊道的目的。

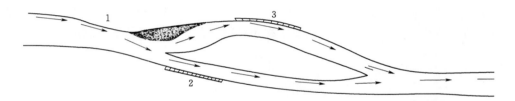

图 1.2　分汊型河道固定汊型工程措施示意图
1—节点控导工程；2—汊道进口护岸；3—稳定弯道工程

2. 河道整治工程建筑物的基本型式

河道工程建筑物依岸或依托大堤布设，可组成防护性工程，防止堤岸崩塌，控制河流横向变形；建筑物沿规划治导线布设，可组成控导性工程，导引水流，改善水流流态，治理河道。它的基本形式主要有丁坝、顺坝、锁坝、护岸等。

（1）丁坝。从堤身或河岸伸出，在平面上与堤或河岸线构成丁字形的坝，称丁坝。有挑移主流，保护岸、滩的作用。丁坝一般成组布设，可以根据需要等距或不等距布置。一般不单独建一道长丁坝，因易导致上、下游水流紊乱，又易受水流冲击而遭破坏，还可能影响对岸安全。按丁坝轴线与河岸或水流方向垂直、斜向上游、斜向下游而分别称为正挑丁坝、上挑丁坝、下挑丁坝。为减少丁坝间的冲刷并促淤，非淹没丁坝采用下挑式较多，淹没丁坝采用上挑式较多。受潮流和倒灌影响的丁坝须适应正逆水流方向交替发生而采用正挑式。两丁坝的间距大小以其间的河岸不产生冲刷为度，一般凹岸密于凸岸，河势变化大的河段密于平顺河段。坝长与间距的比值，一般凹岸为 1～2.5，平顺段为 2～4。丁坝坝头型式有圆头、斜线、抛物线形以及丁坝、顺坝相结合的拐头形（图 1.3）。垛是指轴线长度为 10～30m 的短丁坝，也称为堆（如石堆、柳石堆）或矶头，其作用是迎托水流，削减水势，保护岸、滩。按迎托水流要求，垛（堆或矶头）的平面形式有"人"字形、月牙形、磨盘形、鱼鳞形、雁翅形等（图 1.4）。坝垛（矶头）之间中心距离一般为 50～100m。

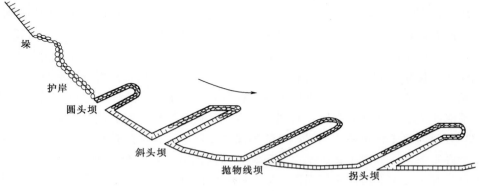

图 1.3　丁坝平面形式示意图

（2）顺坝。顺坝具有束窄河槽、导引水流、调整河岸的作用。大致与水流方向平行布置，常沿治导线在过渡河段、凹岸末端、河口、洲尾、分汊等水流分散河段布设。顺坝坝根嵌入岸、滩内，坝头可与岸相连或留缺口，通常在顺坝与岸之间修格坝防冲促淤。

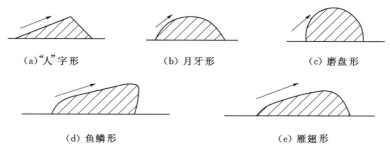

（a）"人"字形　　　　（b）月牙形　　　　（c）磨盘形

（d）鱼鳞形　　　　　　　　（e）雁翅形

图1.4　垛（矶头）平面形式示意图

（3）锁坝。锁坝是可用于堵塞河道汊道或河流的串沟。堵串（汊）的目的主要有塞支强干、集中水流、增加水深利于航运，防止汊道演变为主流引起大的河势变化。锁坝可布置在汊道进口、中部或尾部，根据地形、地质、水文泥沙、施工条件择优确定方案。

（4）护岸。护岸指平顺护岸，即沿堤线或河岸所修筑的防护工程，起防止正流、回流及风浪对堤防冲刷的作用。护岸工程是用抗冲材料直接铺护在河岸坡面上，可布置为长距离连续式，也可布置在丁坝或坝垛之间防止顺流或回流淘刷。

第4节　河道整治工程常见结构形式

河道工程建筑物在结构上大体可分为实体结构建筑物和透水结构建筑物两类。

实体结构建筑物可分为两类：一类用抗冲材料堆筑成坝，称抗冲材料堆筑坝，如堆石丁坝（图1.5）、石笼坝、柳石坝和柳盘头等，在沙质河床上建坝时，可先铺沉排护底；另一类以土为坝体，用抗冲材料护坡、护基（脚），称土心实体坝。实体建筑物多为土心实体坝，在长江大量使用。

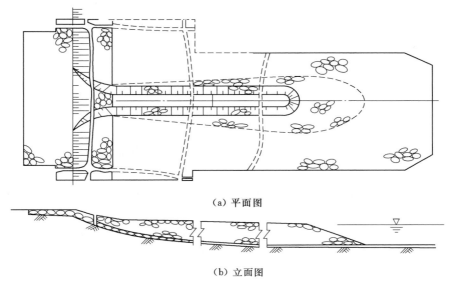

（a）平面图

（b）立面图

图1.5　堆石丁坝结构示意图

透水结构建筑物在构造上主要分为两种：一种是板桩坝体（活动或浮网）淤沙装置，该装置由一排或几排刚性物体组成，如钢筋混凝土灌注桩坝、混凝土透水管桩坝等；另一种是透水框架结构，这种结构在空间上形成几何外形规则或不规则的体系结构，如钢筋混凝土框架坝垛、四面六边预制透水框架防护坝、透水码楼坝等。

1.4.1　实体结构建筑物

1.4.1.1　抗冲材料堆筑坝

1. 堆石坝

堆石比筑土有更大的稳定性和抗冲能力，其坝坡可以比土坝陡。在缺乏适用土料的地区，堆石坝是比较经济的。

堆石丁坝采用块石抛堆，表面也可砌石整修。在我国山区河流，也有用竹笼、铅丝笼装卵石堆筑的。堆石丁坝若在细沙河床上修筑，一般都先用沉排护底（图 1.5）。

2. 石笼坝

石笼坝是广泛使用的河工建筑物，其主要功能为保护河岸不受水流直接冲蚀而产生淘刷破坏，同时它在维护河相以及保全河道堤防安全方面发挥着作用。石笼坝是石块由铅丝包裹而成的整体，它具有一定的柔性，对基础的要求低，与地面的接触面积大，稳定性较好。一般情况下，石笼坝不需要开挖基础，这大大简化了工序，节省了资金，易被普遍接受。

石笼坝与岸坡的连接最易受洪水的冲击而被破坏，对于岸边，应插入岸坡 2.0～3.0m，在与岸坡的连接处，采用大块石护底，利用编织袋装土（或沙）衬砌，若用土工膜铺衬效果更佳，使连接处不透水，防止连接处受到冲刷而破坏。

石笼坝对石料的要求不高，除风化岩石外，一般石料均可使用，有 80% 的块石直径大于 20cm 就可以使用，当然块石直径越大，对坝体稳定性就越好，因此可以就地取材。一般采用 8 号或 10 号铅丝，铅丝的刚性越大，施工时编织网就越难，8 号或 10 号铅丝比较适中，铅丝的数量按块石的量确定。由于石笼坝是柔性基础，对基础的要求不高，因此只需将表面的淤泥、杂物清理干净即可，不需要将覆盖层全部清理干净而过分地挖深基础。将铅丝编成大小均匀的网状平铺于基底，按照设计的尺寸，块石摆放要整齐，本着"大石靠边，小石居中"的原则，充分利用石料。随着块石的增高，铅丝网也同时加高，并且每隔 2～3m 的间距设置一处水平或垂直的拉筋，以确保石笼坝的紧密，保证它的稳定性。在增高的同时随时将铅丝网敲实、扎紧，块石摆放全部完成后，将铅丝网封死。为防止洪水的冲刷，在迎水坡底和石笼坝头部应采用大块块石砌筑。

3. 柳石坝

柳石坝（图 1.6）就是用桩绳将带叶的柳料和石料连接而做的堤岸防护工程。柳石坝具有经济适用、就地取材的优点。

柳石坝的做法是在迎水面与堆石丁坝结构一样，在坝身及背水坡打柳桩填淤土或石料，外形呈雁翅形。它的优点是节省石料、维护费少。

柳盘头（图 1.7）的作用与柳石坝相似，但抵御水流冲刷能力比柳石坝稍差，造价更便宜。柳盘头也呈雁翅形。它的结构以柳枝为主，中间填以黏土或淤泥，分层铺放，直至

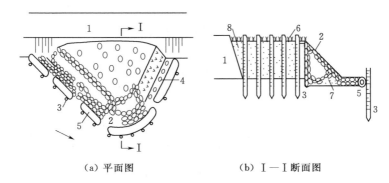

（a）平面图　　　　　　　　（b）Ⅰ—Ⅰ断面图

图 1.6　柳石坝结构示意图

1—顺河堤；2—砌石；3—柳桩；4—柳橛；5—沉捆；6—芭茅草；7—梢料；8—卵石

要求的高度。坝面可铺 10cm 左右厚的卵石层，以保护坝面。

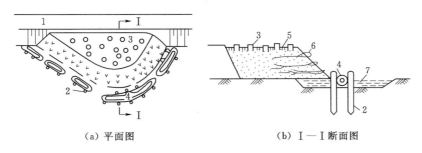

（a）平面图　　　　　　　　（b）Ⅰ—Ⅰ断面图

图 1.7　柳盘头结构示意图

1—顺河堤；2—柳桩；3—柳橛；4—沉捆；5—卵石；6—柳枝；7—底梢

1.4.1.2　土心实体坝

按照水流对坝坡的作用及气候、施工条件，土的实体坝可分为护脚、护坡和坡顶三部分。设计枯水位以下为下层，修建护脚，又称护底、护根；设计洪水位加波浪爬高和安全超高为上层，修建坡顶；两者之间则为中层，修建护坡（图 1.8）。

设计枯水位以下的护脚为坝岸的根基，其稳固与否决定着坝岸工程的成败，实践中所强调的"护脚为先"就是对其重要性的经验总结。护脚工程的特点为长年潜没水中，时刻都受到水流的冲击和侵蚀作用，因此护脚工程在建筑材料和建筑结构上要求具有抗御水流冲击和推移质磨损的能力，具有较好的整体性和适应河床变形的柔性，具有较好的耐水流侵蚀和水下防腐性能，以及便于水下施工并易于补充修复等。土心实体坝的护脚方式主要有抛石护脚、石笼护脚、沉枕护脚、沉排护脚、混凝土四脚锥体防根石走失技术。沉枕护脚一般分为柳石

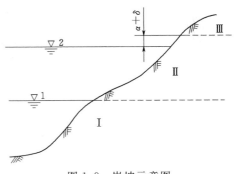

图 1.8　岸坡示意图

1—枯水位；2—洪水位；
Ⅰ—下层；Ⅱ—中层；Ⅲ—上层；
α—波浪爬高；δ—安全超高

枕和土工织物枕。沉排护脚又包括柴排、土木织物软体排、水下不分散混凝土固脚等结构型式。这些结构可单独使用，也可结合使用，应从材料来源、技术、经济等方面比较确定。

护坡坡面是为防止坝岸边坡受冲刷，在坡面上所做的各种铺砌和栽植的统称。护坡工程除受水流冲刷作用外，还要承受波浪的冲击力及坝身水外渗的侵蚀。因其处于河道水位变动区，时干时湿，必须要求建筑材料坚硬、密实、能长期耐风化。护坡的型式有直接防护和间接防护。直接防护是对河岸边坡直接进行加固，以抵抗水流的冲刷和淘刷，目前常用的工程型式有抛石、干砌石、浆砌石、混凝土预制件或模袋混凝土等。

坡顶工程是在洪水位加波浪爬高和安全超高以上的坝顶部位，遭受破坏的原因，除下层工程的破坏外，主要还是雨水及地下水的侵蚀。封顶的作用在于使砌石坡面与坝面衔接良好，并防止坝面雨水入侵，避免护坡遭受来自顶部水流的破坏。所以，对上层岸坡也须做一定的处理。首先是平整岸坡，然后栽种树木，铺盖草皮或植草，同时应开挖排水沟或铺设排水管，并修建集水沟，将水分段排出。在全部护坡工程接近完成时，先做好封顶工程，然后接砌闭合。对于干砌块石护坡工程，大多数采用混凝土格埂封顶。对于浆砌块石护坡工程，可采用浆砌块石或混凝土格埂封顶。

护坡、护脚共同保护着土心坝体不被水流冲刷、淘刷，保护着工程的安全。下面重点介绍几种土心实体坝护基、护坡的常用材料和结构型式。

1. 护基的常用材料和结构型式

（1）散抛块石。在水面以下利用散抛块石护脚是最常见的一种形式（图 1.9）。抛石时应考虑块石规格、稳定坡度、抛护深度和厚度等。抛石护脚的稳定坡度根据抛护段的水流速度、深度而定。

1）抛石范围。在深泓逼岸段，抛石护脚的范围应延伸到深泓线，并满足河床最大冲刷深度的要求。从岸坡的抗滑稳定性要求出发，应使冲刷坑底与岸边连线保持较缓的坡度。这样，就要求抛石护脚附近不被冲刷，使抛石保护层深入河床并延伸到河底。在主流逼近凹岸的河势情况下，护底宽度超过冲刷最深的位置，将能取得最大的防护效果（图 1.9）。应根据河床的可能冲刷深度、岸床土质，在抛石外缘加抛防冲和稳定加固的储备石方。总之，抛石护脚范围以保证整个护脚工程有足够的稳定性为宜，并应使河床在冲刷最大时期不致危及整个护脚工程的安全。

2）抛石厚度。合适的抛石厚度应保证块石层下的河床砂粒不被水流淘刷，并可防止坡脚冲深过程中块石间出现空当。根据试验资料，在近岸流速为 3.0m/s、抛石厚度为块石直径的 2 倍时，便能满足上述要求。在工程实践中，考虑水下施工块石分布的不均匀性，在水深流急的部位，抛石厚度往往要增大到块石直径的 3～4 倍。

3）稳定加固工程量。抛石护脚的稳定坡度，除应保证块石本身的稳定性外，还应保证块石在岸坡上满足滑动平衡。据观测资料分析，当近岸深槽和岸坡被水流冲刷，发生崩坍的平均岸坡比一般为 1：1.5～1：1.8；崩岸停止时的平均稳定岸坡比一般在 1：2.5以上。

抛石护岸工程竣工后，坡脚前沿在水流作用下还将进一步冲刷调整，至基本稳定之前，为防止工程遭受破坏，需考虑一定的加固工程量。

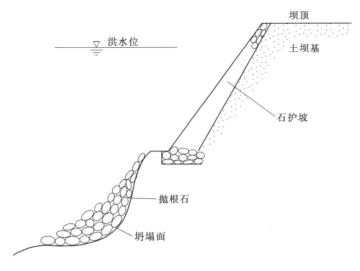

图 1.9　抛石护脚示意图

4）块石尺寸的选择。块石尺寸的选择原则是要防止块石因直接受水流的作用而移动，或者在坡脚冲深后，块石滚落到床面，在水流作用下继续滑动流失。根据我国主要江河的工程实践，一般采用 25～150kg（直径为 0.26～0.48m）的块石即能满足要求。荆江大堤抛石护岸在垂线平均流速为 3m/s、水深超过 20m 的情况下，常用的块石粒径为 0.2～0.45m。抛石应有一定的级配，最小粒径不得小于 0.1m。

5）抛石区段滤层的设置。崩岸抢险可采用单纯抛石以应急。但抛石段无滤层，易使抛石下部被淘刷导致抛石的下沉崩塌。无滤层或垫层的抛石护脚运用一段时间后，发生破坏的工程实例已不鲜见。为了保护抛石层及其下部泥土的稳定，就需要铺设滤层。

目前广泛采用的土工织物材料，如软体排，可满足反滤和透水性的要求，且具有一定的耐磨损和抗拉强度、施工简便等优点。设计选用土工织物材料时，必须按反滤准则和透水性控制织物的孔径。

（2）柳石结构。柳石结构由柳石枕护脚和柳石搂厢护坡两种形式组成。

1）柳石枕护脚。柳石枕捆枕方法：一为散柳包石捆扎；一为先捆成小柳把，再包石捆扎。枕的直径一般为 0.7～1.0m、长 3～15m。

抛沉柳石枕是最常用的一种护脚工程形式，它与国外沉梢大同小异，其结构是：先用柳枝或芦苇、秸料等扎成梢把（又称梢龙），每隔 0.5m 用绳或铅丝捆扎一道，然后将其铺在枕架上，上面堆置块石，间配密实，石块上再放梢把，最后用铅丝捆紧成枕。枕体两端应装较大石块，并捆成布袋口形，以免枕石外露。有时为了控制枕体沉放位置，在制作时加穿心绳（三股 8 号铅丝绞成）。所用梢料必须用当年新割的，以保证其坚韧性。捆枕要求做到"紧、匀、密"。图 1.10 所示为常用的沉枕结构。在石料匮乏地区，也有用耐冲黏土块来代替石料的。

沉枕一般设计成单层，对个别局部陡坡险段，也可根据实际需要设计成双层或三层。沉枕数量的估算，应先测出具有代表性的河岸横断面，量得自枯水位线至深泓或至坡比

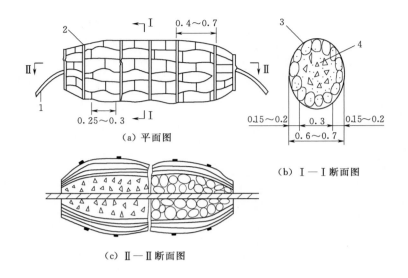

图 1.10 柳石枕（单位：m）

1—龙筋绳；2—铅丝；3—柳把；4—碎石

1 : 3.5～1 : 4.0 处的各段斜长，然后按单个枕径 2/3 高度求得所需数量。考虑施工中的不均匀性，还需另增 15%。

沉枕上端应在常年枯水位下 1.0m，以防最枯水位时沉枕外露而腐烂，其上端还应加抛接坡石。沉枕外脚，有可能因河床刷深而使枕体下滚或悬空折断，因此要加抛压脚石。为稳定枕体，延长使用寿命，最好在其上部加抛压枕石，压枕石一般平均厚 0.5m。

沉枕护脚主要用于新修护岸，对于过去曾大量抛石的老险工，若采用沉枕，很难均匀着地，紧贴河床，容易悬空折断，效果不好。

沉枕护脚的主要优点是能使水下掩护层连接成密实体，又因具有一定的柔韧性，入水后可以紧贴河床，起到较好的防冲作用，同时容易滞沙落淤，稳定性能较好。另外，抛枕护脚比抛石护脚，可以节约大量石料。

2）柳石搂厢护坡。柳石搂厢是场工的一种改进。场工是我国一种古老的河工结构形式，在黄河的抢险和堵口中常用，即由秸（或苇、梢料）和桩、绳分层按照规格盘结压土沉至河底而成，根据不同的整治要求做成各种形状的场段。柳石搂厢（图 1.11）一般有用船或浮枕做工作台两种做法。先在岸上打桩布缆网，在缆网上铺柳枝厚 0.5～1.0m，压石 0.2～0.3m，再置柳枝厚 0.3～0.4m，将绳缆搂回拴于岸上的顶桩。照此逐坯加厢，直至追压沉至河底，上部压石或土封顶，迎水面抛枕

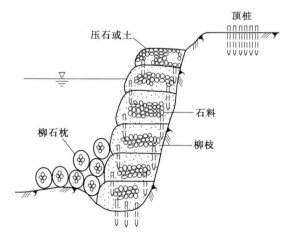

图 1.11 柳石搂厢

护根。搂厢宽度一般为 2～4m，搂厢长度视裹护需要而定。柳石体积比为 7：3。当石料缺乏时，可以用土工布裹护的淤土块代石；当柳缺乏时，可以用芦苇、竹子代替。柳石结构的主要优点是体积大，有柔韧性，防护效果好，可就地取材，节约石料和投资。主要缺点是暴露在水面以上部分易损毁，使用寿命不及块石。

3）石笼结构。用铅丝、化纤、竹篾或荆条等材料做成各种网格的笼状物，内装块石、卵石或砾石，称为石笼。石笼是与沉枕类似而长度较短的结构体，在流速大而梢料又比较缺乏的地区，可用石笼来代替沉枕。石笼网格的大小以不漏失填充物为原则。施工时，可将这些物体依次从河底往上紧密排放，护住堤岸或丁坝的坡、脚。常用于堤岸、丁坝枯水位以下护脚。铅丝石笼一般用直径为 6～8mm 的铅丝做框架，用直径为 2.5～4.0mm 的铅丝编网做成箱形或圆柱形。利用石笼护脚在我国有悠久的历史，近百年来在国外也得到广泛运用。图 1.12 所示为石笼护脚工程的几种常见形式。

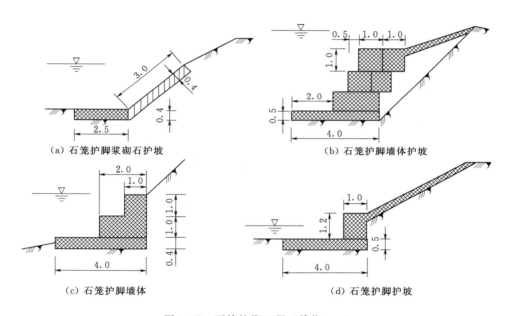

（a）石笼护脚浆砌石护坡 （b）石笼护脚墙体护坡

（c）石笼护脚墙体 （d）石笼护脚护坡

图 1.12　石笼护脚工程（单位：m）

铅丝石笼的主要优点是可以充分利用较小粒径的石料，具有较大的体积和质量，并且整体性和柔韧性能均较好，抗冲力强，使用年限较长，用于岸坡防护时，可适应坡度较陡的河岸，这点对于土地珍贵的城市防洪工程更具特殊意义。近年来，以土工织物网或土工格栅制成的石笼也广泛运用于护岸防冲工程中，土工织物网或土工格栅长期在水下不锈蚀，耐久性更好。

4）沉排结构。沉排结构常用于实体建筑物护脚或护底，其特点是面积大，维修工作量小，整体性强，柔韧性好，易适应河床变形，随着水流冲刷排体外河床，排体随之下沉，可保护建筑物根基。但沉排结构比较复杂，施工技术性强。

常见的沉排结构还有以下几种。

a. 柴排。柴排是一种常用结构，由塘柴、柳枝或小竹子扎结成排体，上压块石做成。沉放柴排又叫沉褥，它是一种用梢料制成的大面积的排状物，用块石压沉于近岸河床之上，以保护河床、岸坡免受水流淘刷的一种工程措施。图 1.13 所示为其结构示意图。

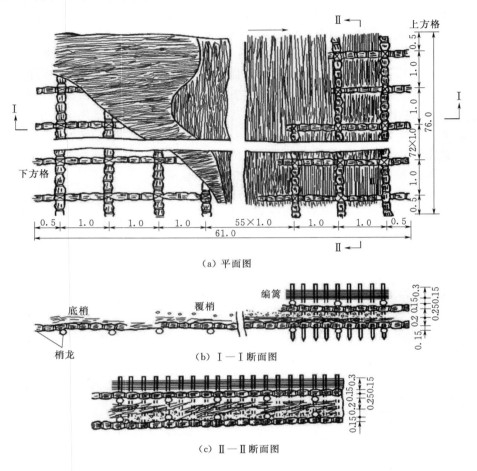

（a）平面图

（b）Ⅰ—Ⅰ断面图

（c）Ⅱ—Ⅱ断面图

图 1.13　沉排结构（单位：m）

　　制作时，先用直径为 13～15cm 的梢龙扎成 1m×1m 的下方格，其交叉点用铅丝或麻绳扎紧，并在每一交叉点插下木桩一根，桩长 1m 以上，将捆扎下方格交点的绳头系在木桩顶上，以备扎紧上、下方格之用。下方格扎好后，即在上面铺填梢料，一般铺三层，每层厚 0.3～0.5m，各层梢料互相垂直放置，梢根向外，梢端向内。第一层和第三层若用梢料做成小捆，更为坚固。为节省费用，中间夹层也可用芦苇秸料代替。三层料压实，厚共 1m 左右，然后即可在填料上扎制上方格，其大小与下方格相同，并须互相对准位置，再解下木桩上的绳头，拔去木桩，用绳头捆扎上方格各交叉点，这样就把上、下方格及中间填夹料连接成一个密实的整体而成为沉排。这种沉排如果用来作护岸护底，则可在排的四周和中间梢龙上打上短桩，桩之间用梢料编成篱笆，形成大小为 2m×2m、高约 0.5m 的小方格，以防止抛石流失。如用来铺叠作坝，则可不编织方框。图 1.13 所示为沉排结构。

沉排的上、下方格是沉排的骨架，起稳固作用，而填料则起掩护河床的作用。如果方格扎得不牢，则容易散架；如果填料不够，则泥沙容易从缝隙间被水流吸出带走，故制作时应特别注意。

柴排的上端应在常年枯水位以下 1.0m 处，与上部护坡连接处应加抛护坡石，外脚应加抛压脚大石块或石笼。

沉排处河床岸坡不能太陡；否则容易引起滑排。一般沉排处岸坡不陡于 1：2～1：2.5；否则，应对岸坡进行处理，使其满足坡度要求。沉排和沉枕一样，为了避免干枯腐烂，应沉放在最枯水位以下。沉排顶部往上加抛接坡石，沉排外脚加抛压脚石，以防排脚淘空而导致排体折断。

沉排尺寸一般较大，长江中下游常用的排体规格（指排体宽度×排体长度）为 60m×90m、60m×100m、60m×120m、60m×135m 等。

沉排以后，由于河床的侧蚀受到了限制，排脚处河床必然冲深。因此，沉排时排脚伸出坡脚的长度应满足河床冲至预估高程时排体坡度仍能维持不陡于 1：2.5 的要求。沉排后应经常进行监视观测，发现水流逼近和淘刷排脚时要及时加固，保持排体稳定；否则，容易导致全排发生折断或坍滑。

沉排护脚的主要优点是整体性和柔韧性强，能适应河床变形，同时坚固耐用，具有较长的使用寿命，以往一般认为可达 10～30 年。根据有关部门对 20 世纪 50 年代修筑的长江下游南京、上海、马鞍山等沉排工程的取样检测，排体运用 20 多年，破坏程度很小，经切片试验，没有发现受真菌危害而腐朽，表面剥蚀也仅 2mm 之微，根据试验数据推算，仍能在水下继续维持 30 年。沉排护脚加固河床而不破坏水流结构，用于港区河岸的维护最为适宜。采用沉排护脚所需石料较少，用梢料较多，对于石料来源不足而梢料资源丰富的崩岸地区更为适用。沉排的缺点主要是成本高，用料多，特别是树木梢料，制作技术和沉放要求较高，一旦散排上浮，则器材损失严重。岸坡较陡，超过 1：2.5 时则不宜采用柴排。另外，要及时抛石维护，防止因排脚局部淘刷而形成柴排折断破坏。鉴于上述原因，近年来，除用沉排作丁坝护底外，已很少采用，国外也多用混凝土或其他新型材料代替。

b. 铰链混凝土板块—土工织物沉排。铰链混凝土板块—土工织物沉排是一种新型沉排，形如帘子，由铺于岸床的土工织物及上压的铰链式混凝土板块组成。排的上端铺在多年平均最低枯水位处，其上接护坡石或其他护坡材料。铺放排体的岸坡坡度一般削为 1：2.5～1：3。混凝土板块因有铰链连接，故比较柔软，能适应河床变形。该结构的排体由以铰链连接的混凝土板块和土工布组成，混凝土板块既起压重又起护面作用，土工布起反滤防冲作用（图 1.14）。

对于露出水面的排体混凝土板间隙和上部岸坡，应用取材容易、施工简单、经济耐久的水泥土覆盖，组成完整的河工建筑物。

c. 铰链混凝土板块—维涤无纺布条沉排。此型式的沉排最大限度地缩窄了原沉排混凝土板块的间距，并以有限尺度的土工织物作其板块间渗透反滤体，用来取代原沉排下的全铺织布（图 1.15）。

d. 铅丝笼沉排坝。铅丝笼沉排坝可以使排体随着排前冲刷坑的发展逐渐下沉，自行

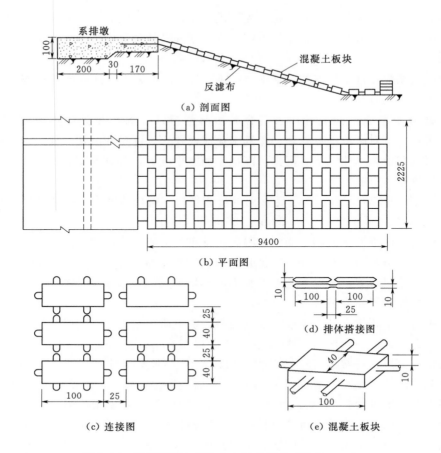

图 1.14　铰链混凝土板块—土工布沉排（单位：cm）

调整坡度，以期达到稳定坡面、护底、护脚、防止淘刷、保护坝体的目的，改变传统结构靠抢险才能逐步稳定的被动防守局面。沉排坝所用的原材料主要有铅丝笼、铅丝绳、有纺土工布、无纺土工布、石料、秸料、木桩、麻绳等。

　　e. 铰链式模袋混凝土沉排结构。铰链式模袋混凝土沉排护坡是应用土工合成材料进行护岸及基础保护的新技术。模袋混凝土是指使用新型机织化纤布作模板，内充具有一定流动性的混凝土或砂浆，在灌注压力的作用下，混凝土或砂浆中的多余水分从模袋内被挤出，从而形成高密度、高强度的固结体。根据模袋布间的连接方式不同，它分为两种型式：一种是混凝土充填凝固后成为整体式模袋混凝土；另一种是混凝土充填后形成一个个相互关联的小块分离式混凝土，固结体与块体间由模袋内预设好的高强度绳索连接，类似铰链，故称铰链式模袋混凝土。

　　f. 土工织物枕。土工织物枕又称为塑枕，由土工织物袋和沙土充填物构成。有单个枕袋、串联枕袋和枕袋与土工布构成软体排等多种型式。塑枕已先后在长江中下游、松花江护岸中得到了广泛运用，取得了一定的效果。塑枕所用的土工布应质轻、强度高、抗老化和满足枕体抗拉、抗剪、耐磨的要求。土工布的孔径应满足保护充填物的要求。

　　随着土工合成材料在水利工程上的推广应用，也有采用聚丙烯塑料编织布袋装土（含

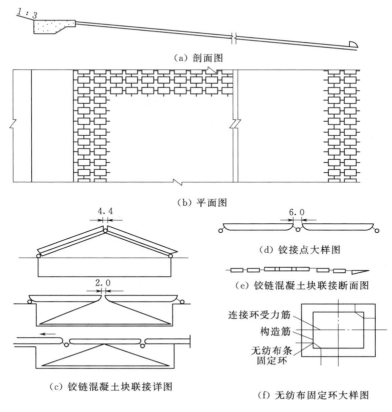

(a) 剖面图

(b) 平面图

4.4

2.0

(c) 铰链混凝土块联接详图

6.0

(d) 铰接点大样图

(e) 铰链混凝土块联接断面图

连接环受力筋
构造筋
无纺布条
固定环

(f) 无纺布固定环大样图

图 1.15 铰链混凝土—维涤无纺布条沉排示意图 (单位：m)

粗、细砂) 做土枕来代替柳石枕。沿袋的纵向用 13 根或 15 根直径为 5mm 的尼龙绳人工加捆。下投前塑袋内装足土料，并缝合紧口绳和扎捆腰箍筋绳，然后定位抛枕入水。由远往近抛护，先集中抛坡脚外缘塑枕，再往近岸逐渐抛护。由于塑袋枕柔软随意性好，易与河床刷深同步调整，对河床变形适应性强。与柳石枕相比，柔韧性更好、压强更大。

土工织物软体沉排由聚乙烯编织布、聚氯乙烯网绳和混凝土块组成。聚乙烯编织布是软体沉排的主体，覆盖在河床上，作为防止泥沙流失的保护层；聚氯乙烯网绳用来加强软体排的抗拉能力，相当于软体排的骨干，分上、下两层，将编织布夹在中间结扎，如图 1.16 所示。网绳排列密度由排体受混凝土压载的重力而定，四周密，中间疏，网格尺寸为 20cm×20cm 左右，网绳直径为 4mm，混凝土压块用尼龙绳固定在网上。

使用土工合成材料组成软体排的结构型式还有以下几种。

a) 单层编织布软体排。排体由单层编织布和压排物资 (混凝土块、石料、砂袋等) 组成。这种排结构简单、施工方便、造价低、与河床适应性好。缺点是压排物资是散体，受水流冲刷易脱离排体，河床地形变化较大时排体四周易卷折，影响护底效果。

b) 梢龙排。由前述梢龙做成排体骨架，其下覆编织布替代铺底梢及覆梢，二者联成整体，省去一层骨架。梢龙使排体既具有浮力又加强刚度，梢龙网络对压排物资起阻滚作用，排体编织布起保护底土防止冲刷作用。

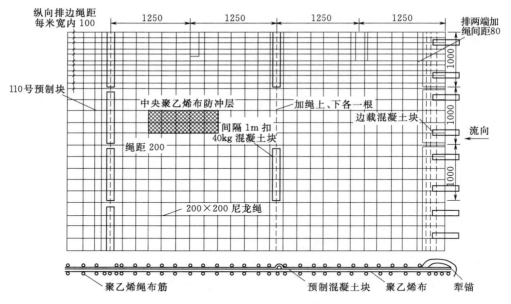

图 1.16　聚乙烯编织布软体沉排示意图

　　c）褥垫软体排。它是由编织布制成褥垫外套，其内充填沙袋，或褥垫外套按预定的间距缝成一系列连成一体的布筒，筒内充灌沙土而成。褥垫外套起保沙、透水作用，褥垫内的沙土起压载作用。排体施工沉放可采用浮运沉放、水上滑放或水下灌装施工方式。褥垫软体排是自重大的柔性体，能与河床紧密贴合，护底效果好，但需配置相应的施工机械设备，不能用于河床面已有尖锐抛石的河段。

　　d）反滤软体排。排体按颗粒反滤原理设计，由四层反滤透水编织布，其间夹三层反滤砂石料组成。反滤料粒径自下而上、从细到粗依次配置，各层材料互相隔开，水流则能自由通过，构成完整的反滤体。反滤软体排可在工厂加工制造，由船舶运往现场沉放。它的造价较高，要求施工机械化程度高。这种排的承载能力大，反滤效果好。

　　e）抽沙充填长管袋褥垫沉排结构。该结构下层为防冲排布，排布上压载物为垂直于坝轴线的充土长管袋，管袋内用混凝土输送泵充入由滩地沙拌和而成的高浓度泥浆，排体上部坝基仍采用块石护坡。抽沙充填长管袋褥垫沉排工程的结构原理与铰链式模袋混凝土沉排相同。

　　f）塑料编织袋土枕及织物枕垫护岸。其主要采用塑料编织布作枕垫，覆盖水下岸坡和河床，并在枕垫上抛压塑料编织袋土枕，使枕垫紧贴河床，联合工作，起到护坡护脚、加固堤岸的作用（图 1.17）。

　　g）水下不分散混凝土固脚。水下不分散混凝土（NDC）是在水下浇灌的混凝土中加入高分子聚合物絮凝剂等物质而成。这种混凝土在水下施工中，即使受到水流冲刷，水泥与骨料也不会发生分离，且具有自流平性、自密实性、不污染水质的特性，可用于原有抛石护脚工程的加固，将分散的块石结成紧密的板块，从而达到抗冲护脚的目的。

　　h）混凝土四脚锥体。混凝土四脚锥体（图 1.18）是在四面体的基础上发展起来的，

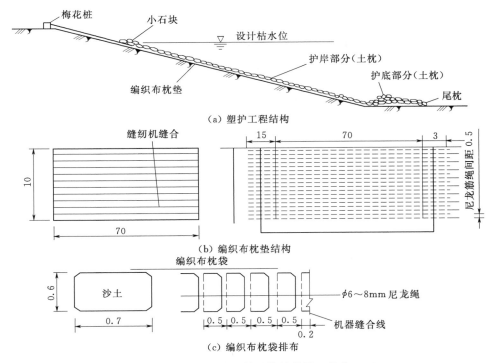

图 1.17　塑料编织袋土枕及枕垫护岸（单位：m）

由于其重心较低、稳定性强，可以有效保护工程根石。根石外抛投一定数量的混凝土四角锥体后，将改变坡面附近的水流形态：①坡面糙率明显增加，有利于降低折冲水流的流速，减小冲刷深度；②当水流冲击坝垛时，通过缝隙间的各种绕流能量相互抵消，可有效降低水流流速，削减水流对坡面和河床的冲刷；③四角锥体相互之间的咬合作用好，抗冲性强，在水流冲击下不易启动，能有效地保护下部较小的块石不被水流冲走；④四角锥体有较好的支撑作用，阻止根石滑塌，有利于坝垛抗滑稳定。

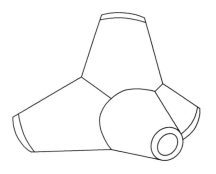

图 1.18　混凝土四角锥体示意图

因此，该技术对已建工程的加固将起到降低工程出险概率、减少投资等作用。实体结构建筑物修建后都要经受水流淘刷，有的用沉排护底，有的随着河床变形需抢修、加固到冲刷坑的相应深度，坡面也要不断维修，以适应水流，才能较为稳定。

2. 护坡（坦石）的常用材料和结构型式

（1）块石护坡。护坡包括堆石、砌石两种。砌石又分为干砌块石和浆砌块石，干砌块石护坡是国内最常见的一种护坡型式。砌石护坡的优点是表面比较平整，能适应坝身的沉降。缺点：一是造价较高；二是坝身变形、垫层流失可能使个别块石脱落离位，遇风浪作用后迅速发展成大面积的坍塌破坏；三是抗冲能力差。目前以土工织物作垫层的干砌块护坡，改善了结构性能。主要用于新建堤防的河道护岸工程。

浆砌块石护坡的优点是表面比较平整，抗冲能力强，耐久性好。缺点：造价较高；不能适应坝身变形。

图1.19（a）所示为传统的干砌块石护坡构造，图1.19（b）所示为采用土工织物垫层的新型干砌块石护坡构造。

干砌块石护坡采用土工织物封闭砂砾垫层，防止了坝身土体的流失的，减少了因为坝身土体的流失导致面石沉降破坏。

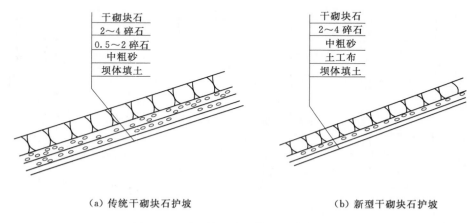

（a）传统干砌块石护坡　　　　　　　（b）新型干砌块石护坡

图1.19　干砌块石护砌构造（单位：cm）

（2）土工织物模袋混凝土护坡。土工织物模袋是由上、下两层土工织物制成的大面积连续袋状土工材料，袋内充填混凝土或水泥砂浆，凝固后形成整体混凝土板，可用作护坡。模袋系用锦纶、维纶及丙纶原料制成，具有较高的抗拉强度以及耐酸、耐碱、抗腐蚀等优点。这种袋体代替了混凝土的浇筑模板，故而得名。模袋上、下两层之间用一定长度的尼龙绳来保持其间隔，可以控制填充时的厚度。浇筑在现场用混凝土泵进行。混凝土或砂浆注入模袋后，多余水量可从织物孔隙中排走，故而降低了水胶比，加快了凝固速度，使强度增高（图1.20）。

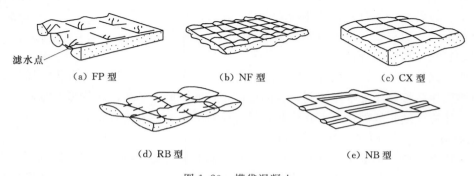

滤水点

（a）FP型　　　　　　（b）NF型　　　　　　（c）CX型

（d）RB型　　　　　　（e）NB型

图1.20　模袋混凝土

1）模袋混凝土护坡。模袋混凝土护坡宜在稳定的堤坝坡上修建。护面只起防冲作用，不以承受土压力为主。机织模袋护坡的最大坡度为1∶1，一般不陡于1∶1.5。模袋混凝土护坡是将流动性混凝土用泵压入由高强度合成纤维制成的模型垫袋里所形成的混凝土护坡。模袋的两层织物离中心一定距离交织连接，相连节点透水，可消除渗水压力，竣工后的斜面铺层呈整齐的卵石状排列。它适用于河岸保护、运河或渠道的坡面衬砌以及港湾工程。与传统砌体工程相比，其施工迅速，特别是水下工程更显其优越性。

2）袋装砂石护坡。纤维砂袋，以18～30个为一组并联成一片，袋内填砂石，形成柔性铺盖，可用于堤坝护底和岸坡护面。施工时，先在船上将砂装入袋内，一边连续不断地装，一边通过船首滑道铺放到水底所要求位置；也可先将砂袋铺放到所要求位置，再从船上通过管道将砂输入袋内（图1.21）。

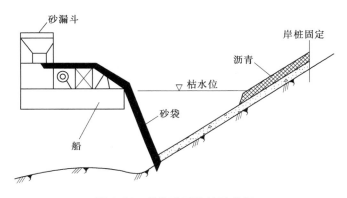

图1.21　袋装砂石护坡示意图

（3）混凝土和钢筋混凝土板护坡。混凝土和钢筋混凝土板护坡，多用于城市防洪或石料缺乏的地区，有就地浇制与预制板安装两种型式。现浇混凝土板厚（D）由设计确定，接缝用沥青混凝土填塞。预制板尺寸主要视运输工具及起重设备而定，人工安装时，尺寸较小，板与板之间常用水泥或用沥青灌缝。无论是就地浇制还是预制安装，在护面板下均应铺设砂石或土工织物反滤垫层。现场浇制多不加钢筋，为混凝土护坡。预制板的受力大小，常由运输与安装过程中产生的应力所决定，一般需配置必要的构造钢筋，防止开裂（图1.22）。

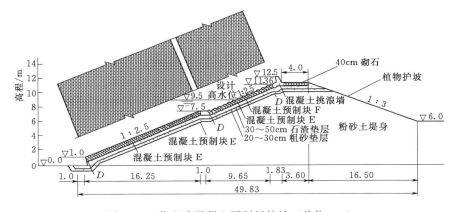

图1.22　装配式混凝土预制板护坡（单位：m）

（4）沥青混凝土护坡。沥青以其特殊的不透水性、可塑性和耐久性，已作为一种新型的水工建筑防渗衬砌材料，广泛地运用于高土石坝和渠道表面的保护，以及河道和沿海堤岸的防护等工程中。

沥青随其混合物料的不同，可制成不同性能的建筑材料，其中已应用于河道和沿海堤岸护坡工程中的沥青制品主要有以下四种。

1）沥青混凝土。沥青混凝土是水利工程中用得最广泛的一种热拌和型工程材料，由块石、骨料、填料和沥青的密级配拌和物组成。沥青混凝土对矿质骨料和沥青含量均有一定的要求。骨料应尽可能采用连续级配，以减少其间的孔隙率及避免骨料发生分离。骨料应具有不变形、遇水不变质、不膨胀的特性。沥青含量一般为矿料质量的 6%～9%。若沥青含量稍高，可使其抗渗性、抗挠性、耐久性得到提高；但若过量，则有损护坡的稳定性。填料宜采用碱性矿粉，以便提高其抗剪、抗压强度和黏结力。为了减少填料和沥青用量，建议使用粗矿物骨料，对护岸高于多年平均洪水位的地方，沥青混凝土孔隙率最大值达 4%～5%。

沥青混凝土厚度主要由预计的扬压力决定，为应对地下水位的变化，防止产生扬压力和破坏衬砌，可在不透水衬砌下建一相应的排水系统。

2）砂质沥青玛蹄脂。砂质沥青玛蹄脂是细矿物骨料、矿质填料和沥青的拌和物。这种拌和物可用于灌注砌石孔隙或其他要求具有不透水性的基础。为了尽量减小渗透率，石块铺层表面灌浆至 15～20cm 的深度，灌浆量应足够多到使石块之间相互胶结。对于河岸水上护坡，厚度为 30～40cm 的石块铺筑层，灌浆质量为 90～120kg/m²，在水下，灌浆量应约为其 2 倍；对于经受暴风雨巨大压力的海岸护坡工程，为保证其整体的高密度，厚度为 60～90cm 的铺筑层要充分灌浆，因石块铺筑层的孔隙率很容易达到 40%（体积）以上，所以砂质沥青玛蹄脂充分灌浆的质量为 600～1000kg/m²。

3）粗石沥青。粗石沥青是一种由块石、粗碎骨料或卵石间断级配的高孔隙率拌和物，用玛蹄脂胶结剂薄膜黏结的沥青制品，玛蹄脂含量为 20%，粒径为 22～45mm 或 32～56mm 的碎石占总重的 80%。粗石沥青常用于高透水护岸和边坡及河底防护层，特别是堤和砂质海岸的坡趾护坡，用来防止沥青下面水压产生的扬压力，也可以在沥青护岸坡趾上提供一渗透垫作为最终构件。

4）贫沥青砂。贫沥青砂是由天然砂、低含量沥青加或不加矿质填料组成的拌和物，常用作护岸的透水基层，或在建造堤、导堤、防浪堤和港口工程时，用作浇筑在水下或水上的松散材料的黏结材料，以形成本体和承托体，或填塞因波浪冲击和通过高速水流冲蚀而成的孔洞。

（5）植物护坡。对于一些常年浸水时间不长，且流速、波浪较小的河段，有时采用栽植柳树或种草皮的办法护坡，也能收到较好的防冲效果。植物护坡的费用低廉，且具有美化环境的独特效果，其防冲能力随着生长年代的久远还有所提高。一般要求坡面较缓，柳树和灌木丛护坡坡度不大于 1∶2.0，可抗御 2.5m/s 的流速；草皮护坡坡度不大于 1∶1.5，能防御 1～2m/s 的流速。土工织物草皮护坡（又称土工织物加筋草皮护坡）是土工织物与植草相结合形成的一种护坡型式。由于二者结合发挥了土工织物防冲固草和草的根系固土的作用，因而这种护坡比普通草皮护坡具有更高的抗冲蚀能力。

目前，所用土工织物加筋草皮护坡有两种基本型式。一种是在坡面清理整平后，撒上草籽，再覆盖一层薄型非织造土工织物。为加强护坡稳定和抗冲能力，还可加设混凝土或块石方格。草籽发芽后通过织物孔眼形成抗冲体，茂密的草还可起到保护织物的作用。另一种是采用三维织物网垫（图1.23)，选择的草种应因地制宜，生长迅速，根系与匍匐茎发达，抗逆性强，耐粗放管理。在三维织物网垫空隙内，可填充小石子起防冲作用。英国建筑工业研究与情报协会对普通草皮和土工织物草皮护坡进行

图1.23　三维织物网垫植草护坡

原型试验研究的结果表明，三维加筋土工织物护坡在淹没时间达50h时，其极限抗冲流速仍可达到4.0m/s，比普通草皮和一般网状草皮极限抗冲流速大得多。

随着化学工业的发展，国外也采用人工海草来滞流促淤，以保护河岸或海滩。它是用密度较小的聚烯纤维丝，成丛布置或成屏帘，下端锚定于水底，上端漂浮于水中，随水流似草一样摆动。锚定物可采用水泥块或纤维袋中装砂石料封口后作沉块。人工海草具有较好的滞流促淤作用和削减波浪作用。

（6）宾格护坡。宾格是一种用特种钢丝经机械编织形成的蜂巢格网，宾格产品起源于欧洲，距今已有100多年的历史，应用于加筋土工程约20余年（图1.24）。

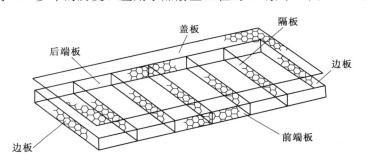

图1.24　宾格护坡结构示意图

1.4.2　透水结构建筑物

1.4.2.1　桩、井柱等坝体淤沙装置

桩、井柱等坝体淤沙装置是一种较为常用的透水建筑物，可由单排或数排桩组成。最早在缓流浅水处使用木桩坝，有缓流落淤效果。垂直于桩坝的桩，打入河底部分占桩长的2/3，桩的上部以横梁联系。斜桩坝以三根桩为一群，上部用竹缆或铅丝绑扎在一起，排间连以纵横连木，基础可用沉排保护或在桩式坝内填石料保护。桩坝现已发展成为用钢筋混凝土灌注桩坝或钢管桩坝，用水上成孔或震动打桩机打桩，桩长及桩入土深度均可增加，由于抗冲能力大，可用于河道主流区。

1．混凝土桩坝

（1）钢筋混凝土灌注桩坝。近年来，钢筋混凝土灌注桩坝在黄河下游游荡性河段河道整治中得到了较广泛的应用。钢筋混凝土灌注桩坝由一组具有一定间距的桩体组成，

按照丁坝冲刷坑可能发生的深度，将新筑河道整治工程的基础一次性做至坝体稳定的设计深度，当坝前河床土被水流冲失掉以后，坝体依靠自身仍能维持稳定而不出险，继续发挥其控导河势的作用。该坝型充分利用桩坝的导流作用及透水落淤造滩作用，使坝前冲刷、坝后落淤，冲淤相结合，从而达到归顺水流、控导河势的目的（图1.25和图1.26）。

（a）　　　　　　　　　　　　　　　（b）

图1.25　已修建的钢筋混凝土灌注桩长坝

（a）韦滩灌注桩坝　　　　　　　（b）修建中的张王庄灌注桩坝

图1.26　在建钢筋混凝土灌注桩坝

　　（2）混凝土透水管桩坝。混凝土透水管桩坝由一些预应力钢筋混凝土管桩按一定间距排列，形成透水坝结构。各桩顶与联系梁板固结，以增加桩坝整体牢固强度（图1.27）。这种透水管桩坝桩间距约为1.0m，坝区缓流落淤效果较好。有的透水管桩坝的桩间距较大，约为5.0m，中间设铅丝网片挂淤，有的桩间还布置有横梁，既增强桩的稳定，又加大缓流拦淤效果。

（3）钢筋混凝土井柱桩导流排。海河下游游荡性河道整治中也尝试了多种透水新结构型式，其中最为典型的是钢筋混凝土井柱桩导流排。钢筋混凝土井柱桩导流排是以井柱桩作支柱，通过横梁连接形成骨架，在设计造滩高度以上镶嵌挡水帘板，利用挡水板的间隔缝隙形成透水网格，是一种软硬结合的护岸工程。该结构可以控制流势，降低洪水流速，将泥沙拦淤在坝区，并有维修工作量小、坚固、耐用的优点。

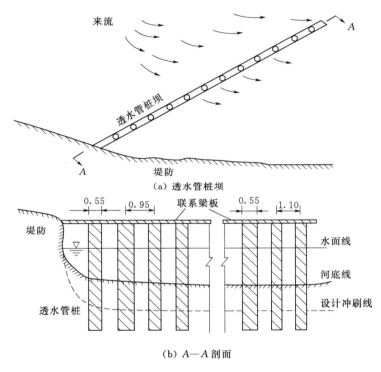

图 1.27　混凝土透水管桩坝示意图（单位：m）

（4）井柱桩丁坝。

1）井柱桩排透水丁坝。井柱桩排透水丁坝由数根混凝土井柱桩及上部混凝土联系架组成，井柱桩直径一般为1m，深度为20m左右，井柱桩为灌注式，桩间净间距为20～40cm。丁坝群的联合运用起到了导流淤滩护岸的作用。

2）井柱桩梢石笼透水丁坝。井柱桩梢石笼透水丁坝由混凝土井柱桩组成，井柱桩间距为4m，顶部有混凝土联系梁，井柱桩间填压有树梢和小块碎石装成的笼子。井柱桩起稳定作用，梢石笼起防冲护根作用。

3）井柱桩板帘导流排透水丁坝。井柱桩板帘导流排透水丁坝由排成"一"字形的数根混凝土井柱灌注桩及顶部联系梁组成，桩排迎水面装有混凝土板帘，每个混凝土板帘上部两端用悬挂钢筋环结构与井柱桩连接，下部自由，板帘间空隙为20cm。这种丁坝导流效果较好，目前主要用于保护建筑物上游护岸。

2. 钢管桩网坝

钢管桩网坝工程是以桩长 7～9m、直径为 51～64mm 的钢管作桩材，沿坝轴每隔 5m 打一根桩，将 8 号铅丝网片挂在桩上，上部用横梁将诸桩连成整体。桩入土不小于桩长的 3/5，并在上游侧设两根 4 股 8 号铅丝拧成的拉线，以防向下游倾倒。上游坝根处抛一排铅丝笼，把网片下端压固在河底。

1.4.2.2　透水框架结构

1. 钢筋混凝土框架

钢筋混凝土框架坝垛是预制钢筋混凝土杆件框架式坝垛的简称。它为透水结构，上部为三角形框架，迎水面布置透水率为 20％～35％ 的挡水板（预制钢丝网带肋板），下部为梢木沉排，框架为等腰三角形（图 1.28）。

这种坝垛经多年考验，起到了迎托水流、减缓流速、回淤河岸的作用。但是该种坝存在着结构较复杂等不足。

2. 四面六边透水框架

四面六边透水框架可用混凝土或简易的以毛竹为框架，内充填砂石料，两头以混凝土封堵构成（图 1.29）。

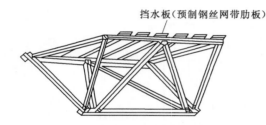

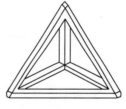

（a）立面图　　　　　（b）俯视图

图 1.28　钢筋混凝土框架　　　图 1.29　四面六边透水框架结构示意图

四面六边透水框架能局部改变水流流态，降低近岸流速 30％～70％，达到缓流落淤的效果，逐步使坡脚的冲淤态势发生变化，从而达到固脚护岸的目的。同时能解决抛石护岸根石不稳定的问题，避免块石护脚年年被冲失、年年需要补抛的现象。

3. 杩槎

用三根或四根杆件（杆件可为木料、钢材、钢筋混凝土等），一头绑在一起，另一头撑开，每两根杆件中间用横杆联系固定，做成架子，称为杩槎。槎内铺板压以重物（石块或柳石、柳淤包），排列沉于河底修筑成透水（也可不透水）的杩槎坝，可作丁坝、顺坝、锁坝等，适用于砂卵石河床且水深较浅处。

1.4.2.3　其他结构

1. 木桩透水堤和钢支撑透水堤

美国迈阿密河应用较广泛的透水坝有两种，即木桩透水堤和钢支撑透水堤。

木桩透水堤按不同的设计，可由相距不远的单排、双排或多排木桩组成，可在桩上加钢丝以拦截砂石，从而显著减小流速。桩基可用足量的抛石以防止冲刷。

钢支撑透水堤由连接在一起并用钢丝捆扎的角钢组成，再用钢索串联成行组成防护堤带。防护堤可降低近岸流速，防止河岸冲刷。它对含有大量砂石和高浓度悬移质的河流更为有效。

　　2. 沉梢坝

　　沉梢坝用块石系在树枝扎成的树排上，直立沉在河中必要的地方，组成一种透水坝，这种透水坝对于减缓流速、促使淤积效果明显。

　　3. 沉树

　　用石块等重物系于树干上，沉至河底，做成透水建筑物，利用树冠上的枝梢，缓流防冲（图1.30）。沉树分立式、卧式、立卧结合、串联式等防御风浪对岸、滩的拍击，效果较好，即将树干用绳系在河岸木桩上，树冠枝梢漂浮于水面，削杀风浪，防护河岸。

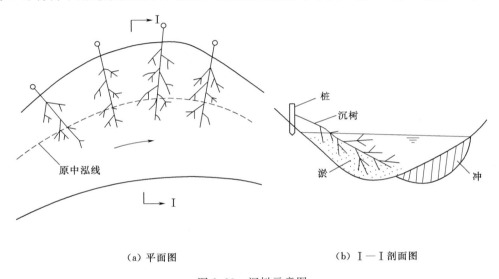

（a）平面图　　　　　　　　　（b）Ⅰ—Ⅰ剖面图

图1.30　沉树示意图

　　4. 编篱

　　在河底上打入一排或数排木桩，用柳枝、柳把或簇把编在木桩上，形似篱笆，构成透水坝。有单排编篱、双排编篱或多排编篱透水的丁坝、顺坝、锁坝，主要适用于中小河流中水、枯水河槽的整治。

　　5. 植树（防浪林）

　　在堤岸前滩地上种植护岸林带（其宽度以不影响行洪为原则），对防御风浪拍击堤岸有明显作用。在堤根洼地、河滩串沟做活柳桩（将柳树的根部种植于土中）坝，也可缓流落淤，防冲固堤。

第2章

河道整治工程出险的影响因素

　　河道工程出险影响因素很多，主要影响因素有水流因素、护坡稳定性因素、河势变化因素及其他因素等。本章主要对河道整治工程和堤防护坡工程出险的影响因素进行分析。

第1节　水流与河势对出险的影响

2.1.1　水流的影响

　　河道整治建筑物出险与河道工程所处的流速密切相关，下面以丁坝为例，分析水流对河道整治建筑物出险的影响。

2.1.1.1　不透水丁坝冲刷机理

1. 丁坝附近的水流结构

　　由于河道整治工程对水流流场的影响，丁坝附近流场具有复杂的水流结构（图 2.1）。丁坝使上游水流受阻，过水断面减小，形成壅水收缩，使行近水流的流向和速度大小都发生很大变化。迎水面表层绕流速度呈"根部小、头部大"的分布形态，即坝根附近流速小、壅水明显，靠近坝头处流速大、壅水小，在流速梯度产生的剪切力作用下，在靠近坝根上游局部区域内形成一顺时针立轴回流区。冲向坝面的水流主要分为两部分：一部分平行坝面行进，绕坝头向下游运行，明显可见的是坝头附近流线集中，单宽流量增大；另一部分沿坝面折向坝垛底脚再绕坝头而行。

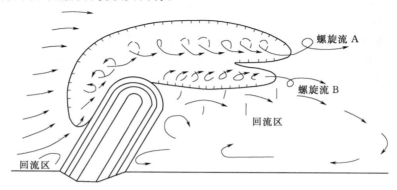

图 2.1　丁坝附近水流流态及抗冲形态示意图

至于二者之间的比例，试验中定性得出随距坝的距离和坝身部位不同而变化的规律：即前者与后者的比值，随距坝前远近而相应地由小变大。在坝头附近，沿坝面的下降水流与流速增大的纵向水流结合形成斜向河底的马蹄形螺旋流。螺旋流又分为两部分：一部分为流向大河的螺旋流 A；另一部分则为沿坝面绕坝头流向下游的螺旋流 B。螺旋流 B 至坝下游，因坝后水流流速较小和水流间的剪切力作用而骤然扩散，在坝后形成尺度很大的漩涡体系和坝后回流区。丁坝绕流水流各部分的强度与来流方向密切相关，来流方向与坝垛轴线之间的夹角越小，沿坝面向下游运行部分的水流强度就越大，也就是说，坝的送溜作用就越强；夹角越大，则折向坝垛底脚及回流部分的强度就越大，螺旋流的旋转角速度也增大。在一定工程基础条件下，这几部分水流强度的大小及不同组合决定了大多数坝垛险情的大小及表现形式。

2. 不透水丁坝对水流的影响

设置不透水丁坝后，坝前水面宽度减小，水流绕过坝头，其速度场及压力场都发生了变化。上游行近水流直接冲击丁坝迎水面，受丁坝阻挡，一部分水流折转向床面，形成下潜水流，然后绕过坝头流往下游，而另一部分则直接绕过坝头流往下游，丁坝上游形成突然收缩区，下游则骤然扩大，其接近水面部分因边界层的分离而形成立轴漩涡，两部分水流相遇（在较低层）的地方形成斜轴涡系向下游运动（图 2.2）。因此，坝头附近的紊动水流结构是下潜水流和绕过坝头的水流及其相互作用而构成的。

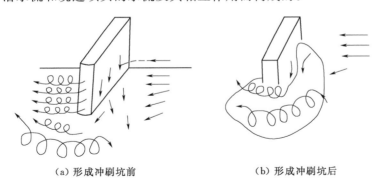

(a) 形成冲刷坑前　　　　　　　　　(b) 形成冲刷坑后

图 2.2　坝头漩涡场示意图

不透水丁坝除显著影响坝头水流外，还影响到正对着丁坝上游河道的水流情况，即阻挡了上游河道的水流，调整了流速分布（图 2.3）。由于不透水丁坝的作用，坝前上游（10～20 倍水深）处水流开始变化，至坝前处流速呈"根部小、头部大"的分布。水流的惯性作用及丁坝的阻挡作用，在丁坝靠近坝根上游形成一顺时针回流区。

靠近坝头部分的水流流速大且与坝轴线的夹角小于 90°，这一部分的水流可分为两部分：其中一部分绕坝头而去；另一部分则沿丁坝上游坝面下潜再绕坝头而行，两部分水流混合后，产生一股较强的下沉水流冲击河床底部，正是这两部分水流的复合运动影响了丁坝的底部，造成坝头底部的泥沙走失，形成冲刷坑。

在平均流速为 v_0 的水流中，设置不透水丁坝后，由于水流受阻，紧靠丁坝前水流流速接近为 0，动能转化为位能，在丁坝前产生壅水，其壅水高度为 $v_0^2/2g$，此壅水高度的

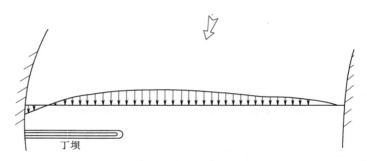

图 2.3　丁坝上游河道水面表层流速分布示意图

存在使丁坝前产生反向底流区（即水流下潜区），底沙被推向上游及坝头侧。

水流受丁坝阻挡后折向坝头处，从丁坝轴线（坝根至坝头）方向流速沿程增加，至坝头处水流流速最大，经过坝头（轴线方向），水流受到主河道水流的挤压、顶冲，水流再次折向，流速逐渐减小。

不透水丁坝被冲刷的原因还有河床的泥沙粒径、级配及防冲保护设施。

3. 不透水丁坝与各水力因素的单一关系

为了更好地研究各水力因素对坝头冲深的影响，这里利用实验室的实验资料。实验是在三个玻璃水槽中进行的，水槽长分别为 26.0m、28.0m 和 24.0m，宽分别为 2.45m、1.0m、0.87m。试验可供流量为 150L/s。在实验中用矩形薄壁堰量测试验流量，用六线流速仪、光纤式地貌仪和普通测针量测流速、冲深和水深。该实验选用四种不同中值粒径和级配的天然沙为模型沙，为了解各种因素对坝头附近河床冲刷的影响和作用，实验为单因素组合。

通过实验得出以下结论：

（1）水深对起冲流速的影响。在维持其他条件不变的情况下，当水深较小时，起冲流速随水深的增加而减小；当水深达到某一数值时，起冲流速与水深关系变化不大。

（2）坝长对起冲流速的影响。试验结果表明，当坝长增加时，坝头附近床沙起冲流速几乎呈直线状下降趋势，即起冲流速不变的情况下，增加坝长也会使泥沙起冲。

（3）中值粒径对起冲流速的影响。通过试验，坝头附近的床沙起冲流速随中值粒径的增大而增大。

（4）挑角对起冲流速的影响。试验结果表明，最易使坝头附近床沙发生起冲的角度为 0°～120°。若在同等条件下，具有 120°挑角的丁坝应具有最大冲深。

4. 不透水丁坝与各水力因素关系分析

根据上面对各影响因素的单一关系试验资料进行的阐述，对各影响因素进行综合分析，可将影响因素归为三类，即水流因素、床沙因素、几何边界条件。

2.1.1.2　透水丁坝的冲刷机理

前面研究的是不透水丁坝的冲刷情况，对于透水丁坝，其冲刷深度影响因素更复杂。

透水丁坝是将丁坝做成透水的，如用铅丝笼或土工织物布包裹粗砂材料做坝，或在不透水丁坝中布设过水混凝土管等都可称为透水丁坝。人们都知道，透水丁坝的冲刷深度比不透水丁坝的冲刷深度小，但是其原因还没有完全弄清。为了探讨其原因，武汉大学进行了试验。试验是在玻璃水槽中进行的，水槽长 10m、宽 1m，在试验中用矩形薄壁堰量测试验流量，用格栅尾闾调节槽中水位，用长江科学院研制的小探头螺旋桨流速仪测量流速。

对于均匀透水丁坝，其坝前壅水高度与丁坝的透水强度有关，透水强度用 P 表示，其大小用紧邻丁坝下游的水流流速与丁坝上游的水流流速的比值来表示，即丁坝透水强度 $P = v_2/v_1$。逐渐增大 P 值，丁坝附近水流的三个区逐渐发生变化，随着 P 值的增大，上回流区和下回流区逐渐变小，当 P 值超过 0.4 时，上回流区和下回流区消失。试验表明，透水丁坝坝头处的单宽流量及近底纵向流速与透水强度 P 直接相关。

2.1.1.3　透水导流丁坝冲刷机理

前面讨论了透水丁坝对坝头冲深的影响，得出了丁坝透水强度 P 越大，坝头冲刷坑深 h'_s 就越小的结论，但是如果丁坝的透水强度 P 太大，丁坝就可能起不到调整主流、保护滩岸的作用。因此，必须设计一种既能透水，又能控制和调整主流流向作用的丁坝（图2.4）。

图 2.4　透水导流丁坝示意图

丁坝作为整体起调整主流的作用，大家都很熟悉，但把丁坝做成有许多格栅或孔洞，即在丁坝之间留有透水格栅或预埋混凝土管在工程里实施并不常见。

在我国，对桥墩导流的作用比较熟悉，特别是耸立于主流中的多跨桥墩，犹如一排人工导流屏，它们与主流偏角的大小常对下游河床变形产生一定的影响，严重者甚至会控制桥孔出流后的主流方向。通过探讨桥墩导流对水流结构的影响，得出以下结论：

（1）当桥墩走向与主流向有一定偏角存在时，增加了阻水作用，从而增大了上游的壅水。

（2）有偏角存在时，桥墩起到了一定的导流作用，将桥下游主流导向一侧，而桥上游主流也略向另一侧偏移。

2.1.1.4　丁坝上游边坡对冲刷坑的影响

无论是透水丁坝还是不透水丁坝，坝体横断面通常将上游迎水面做成向上倾斜的斜面（图 2.5），即有一定边坡系数 m，上游倾斜面可减小丁坝的冲刷坑深 h_s 或 h'_s（与上游直立面丁坝相比）。

上游倾斜面丁坝减小冲刷坑深的原因：当上游水流受到丁坝阻挡，折向成底流，由于上游面倾斜，底流会沿着倾斜面运动，由于倾斜面相对粗糙，斜边较长，底

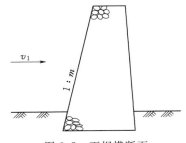

图 2.5　丁坝横断面

流与河床地面有一定的夹角，因此倾斜面可减小水流对丁坝的冲刷（图 2.6）。

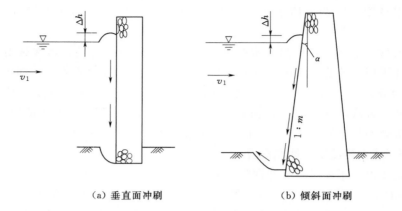

(a) 垂直面冲刷　　　　　　　　(b) 倾斜面冲刷

图 2.6　反向底流对丁坝冲刷示意图

对于横断面为矩形的丁坝，水流引起的反向底流流向与河床床面垂直，即底流垂直淘刷河床；而对于横断面为梯形的丁坝，反向底流与河床床面的法线方向的夹角为 α。因此，底流淘刷河床（图 2.6）时丁坝横断面应乘上折减系数 k_1，且 $k_1 = \cos\alpha$。

为了验证向上游倾斜的丁坝断面其坝头冲刷深度相对较小的结论，通过试验得出，丁坝上游边坡系数 m 对冲刷坑深 h_s 的影响不是很大，但在其他相同条件下，随着边坡系数 m 的增大，丁坝冲刷坑深 h_s 相应减小的趋势还是存在的。因此，可以通过改变丁坝的结构型式来减小丁坝的冲刷坑深 h_s。经过试验研究还发现，背水边坡系数的改变对水流结构没有明显影响。

2.1.1.5　冲刷坑对河道工程的影响

丁坝冲刷深度一般是指丁坝坝头附近可能达到的最大冲刷深度。当丁坝根石达到或超过这一深度时，即认为该丁坝是有根基的或是基本稳定的；当丁坝根石小于这一深度时，则认为该丁坝根基薄弱或是不稳定的，工程容易出险。一般认为，坝头单宽流量的集中、底层流速的增大和马蹄形漩涡的产生是坝头冲刷的主要原因。坝头局部冲刷直接关系到丁坝自身的稳定和安全。

1. 坝前冲刷坑的形成与坝垛出险

由于床沙粒径远小于坝垛块石粒径，因而伴随着根石的走失，河床局部常常发生剧烈冲刷，形成冲刷坑。冲刷坑的形成和发展是造成坝垛坍塌险情的根本原因。经过试验分析，冲刷坑分布一般遵循以下基本规律：

（1）坝前冲刷坑的范围及深度随单宽流量的增加而增加。

（2）行近水流与坝垛的夹角越大，冲刷坑范围也就越大。

（3）受大溜顶冲的坝垛，不仅坝前局部冲刷坑水深大，而且最大冲刷水深所在的部位距坝也较近。

（4）单坝挑流坝前冲刷坑大于群坝（由间距较小、坝长较短的坝组成的丁坝群，一般沿河流凹岸布设）坝前冲刷坑。冲刷坑的分布也有明显的不同。单坝冲刷坑沿坝头分布，且冲刷坑深度较大；而群坝由于间距小，受上下游丁坝迎、送溜作用，水流相对平稳，因而坝前最大冲刷坑相对较小。

2. 最大冲刷水深的影响因素

影响坝前局部冲刷坑最大冲刷水深的因素十分复杂，主要有以下几个方面：一为水流条件，如坝前行近流速 v、水深 h 和坝的方位角；二为坝类型，如迎水面坡度系数 m、坝靠溜长度；三为河床抗冲能力，如床沙粒径 d 和相对密度 y'，床沙的大小和组成决定着河床的抗冲性；四为坝垛的平面型式和断面形态。

3. 坝垛根石走失的原因分析

河道工程受大溜顶冲，容易引起根石走失，这是工程出险的一个主要原因。所以，坝岸工程的稳定程度直接取决于坝岸根石的稳定与完整程度。如果根石走失严重而未及时发现和抢护，坝身将发生裂缝、蛰陷、墩蛰或滑塌等险情，最终导致坝岸出险。多年的实践证明，坝岸发生坍塌、蛰陷等险情，60%以上是由坝岸根石走失引起的。

（1）根石走失原理。河道整治工程中，常用散抛护根石的方法，维护坝、垛与河岸的安全。由于洪水冲刷，或坝前头、迎水面、背水面河床受折冲水流和马蹄形漩涡流的强烈淘刷，散抛护根石最易被洪水冲走（即根石走失），导致工程出险。因此，防止根石走失是河道工程抢险的一大问题，历来受到水利专家和学者的重视。

通过建立力学计算公式分析得出以下结论。

1）当河床条件与块石形状一定时，水流含沙量越大，临界起动的块石边长越大，根石越易走失。因此，高含沙洪水对河道工程具有较大的破坏性。另外，高含沙水流挟沙能力强，容易在坝前造成较大的冲刷坑，冲刷坑坡度增大，即 α 增大，使之根石临界起动的边长增大，更加速了工程的破坏。

2）在含沙量与河床条件、根石形状一定时，垂线平均流速越大，临界起动根石的边长就越大。所以，当河势变化形成主溜贴岸或出现横河、斜河时，大溜顶冲坝头，坝前缩流加快了水流的流速，引起工程的根石走失，从而造成工程出险。因此，对高含沙洪水的破坏作用或不同来溜方向引起的根石走失，一定要引起高度的重视。

（2）根石走失方式。根石走失的方式大体有两种，即冲揭走失和坍塌走失。

1）冲揭走失。冲揭走失的机理就是水流的挟带能力达到一定程度足以将表层根石冲揭而起造成根石走失。这种根石走失方式，大、中水时期均有发生，特别是中水时期尤为明显。就散抛乱石护根和丁扣根石而言，由于后者排整较严密，石块之间的约束力相对较强，发生冲揭走失的可能性较小，而乱石护根走失的可能性则相对较大。

2）坍塌走失。坍塌走失的机理就是受水流冲刷，坝前形成冲刷坑，随着冲刷坑的不断加深、加大，坝岸根石自身稳定条件遭到破坏，导致根石坍塌下滑而走失。就散抛乱石护根和丁扣根石而言，丁扣根石为整体结构，对根石变形的适应性相对较差，一旦局部冲刷坑达到一定深度，造成该处根石坍塌，则坍塌处势必会形成陡坎，而水流沿陡坎继续向内淘刷，使根石进一步坍塌。因而，丁扣根石较散抛乱石护根更易发生坍塌走失。

这种根石走失方式在大、中、小水时期均有发生，尤其在大水过后落水时期，发生坍塌走失的概率较大。

4. 防止根石走失的基本方法

从根石走失临界粒径的计算公式可以看出，根石走失与水流形态、块石粒径、坝垛根石断面型式等多种因素有关，防止根石走失所采用的常规方法是增大块石粒径和减缓坝面坡度。

（1）增大块石粒径，特别是增大坡面外层块石的粒径可从根本上防止根石的走失。当块石粒径受开采及施工条件的限制不可能增加过大时，可采用铅丝石笼或混凝土结构块防止根石走失；也可采用混凝土连锁排或网罩网护坡面上的块石，防止启动走失。

（2）减缓坝面坡度，不但有助于提高块石启动流速，也可大大降低坝面折冲水流对坡脚附近河床的冲刷，增强坝垛整体的稳定性。

（3）对基础较好的坝垛坡面块石进行平整或排砌，也有助于提高块石的临界启动流速，从而减少根石走失。

2.1.2　河势的影响

河势是河道水流的平面形势及其发展趋势。平面形势主要指河道水流在平面上的分汊状况和主流对防洪及滩区影响状况。河道水流分散，支汊多，主流变化无常，险工、控导护滩工程脱河，堤防安全或滩区群众生产生活受到威胁，显然是不利河势；相反，河道水流单一规律，主流变化不大，按照规划修建的工程都能靠河着溜，发挥作用，显然是有利河势。河道水流的发展趋势是指在现状河势及今后上游来水来沙条件下主溜变化的趋势。一般来说，如现状河势不利，今后发展也不利，则是恶化河势；如现状河势有利，今后发展不利，是不利河势；如现状河势有利，今后发展也有利，或者现状河势不利，今后发展有利，则是有利河势。

河势变化的关键是主溜，主溜位置比较稳定，河势变化小；主溜位置不稳定，河势变化大。主溜位置稳定与否，主要取决于水沙条件的变化和河岸抗冲强度。大流量主溜趋直，小流量主溜变弯；河岸抗冲能力强，主溜相对稳定，河岸抗冲能力弱，主溜不稳定。

2.1.2.1　影响河势演变的主要因素

众所周知，河床演变是具有非恒定的进出口条件和复杂可动边界的水沙两相流运动的一种体现形式。河床变化影响水流结构，水流又反过来影响河床变化，而这两者的相互影响是以泥沙运动为纽带联系的。因此，河势变化主要是上游来水来沙条件与河床边界相互作用、相互影响的结果，其中流量及含沙量的大小是影响河势变化的主要原因。水流塑造河槽，河槽约束水流。来水来沙条件的不同组合，塑造出不同的河槽形态和比降，边界条件的改变又反过来影响河道的排洪输沙，进而影响河势的调整和变化。为了控制水流、造福人类，人们在河道内修建大量的建筑物，从而改变了河道自然演变特性，这些工程对局部河段河势的影响甚至大于上游来水来沙的影响。影响河势演变的主要因素一般包括水沙条件、河床边界条件、工程边界条件。

1. 水沙条件

水沙条件主要指一定时期内进入下游的水沙量多少、洪峰流量大小、变差系数及含沙量高低以及洪水期水沙的搭配过程等。以洪枯悬殊、含沙量高且变幅大而著称的黄河独特的水沙特性，对于游荡性河段河势的剧烈演变具有重要作用。另外，从微观上看，局部水流特性和泥沙颗粒组成也属水沙条件的范畴，包括流速、流场、悬移质颗粒级配（也包括床面交换层内泥沙颗粒级配）等。

2. 河床边界条件

河床边界条件主要指河流本身所具有的宽窄相间的河床平面形态、纵比降大小、河床物组成及抗冲性、滩槽高差等。自然形成的卡口、节点对河势的变化都会起到较好的控导作用，但卡口上、下游河段往往会出现河势突变，河床抗冲性的不一则往往形成塌滩坐弯。滩槽高差的大小是反映河势稳定的一个重要指标。平滩流量大，则河势有可能稳定；反之则多变。

3. 工程边界条件

工程边界条件主要指工程长度、工程结构、布置型式、上下衔接情况和工程的靠溜情况等。多年的治河实践表明，河道整治工程在控导河势方面发挥着重要作用。如三门峡清水下泄期，水多沙少，河道主槽虽然得到了冲刷，但河道向窄深稳定的方向发展并不明显，随着三门峡水库运用方式的调整，进入下游的水沙条件不利于主槽的稳定，但工程数量的逐步增加，使主流游荡摆动的范围明显减少，表明工程边界条件对河势演变的影响在一定程度上大于上游来水来沙。另外，河道内其他工程如跨河建筑物等对河势的变化也存在一定的影响。

2.1.2.2　河道工程出险与河势变化的关系

1. 河势变化引起工程出险的机理分析

河势变化是河道工程出险的主要因素（河势的变化就是大溜的变化）。随着水位、流量的不断变化，河势也不断发生变化，主溜左右摆动，常形成畸形河湾，当来溜方向与河道工程坝垛轴线交角变化较大时，大溜直冲工程坝垛，使坝前冲刷坑的深度超过工程根石的埋置深度，根石发生走失，走失到一定程度，坝体即发生下蛰、坍塌，危及工程安全。

河势变化引起河道工程出险，游荡性河段发生较多，原因是流量大小不同，河道整治工程靠河着溜位置也不同，随着流量的增减，工程着溜点上提下延（挫）以及滩岸出现冲淤，对约束水流、控导河势发挥不同作用，引发不同的河势变化。

当中常洪水（不漫滩）着溜位置在工程控制范围之内时，河势较稳定。但漫滩的大洪水或特大洪水，不同的河道类型河势变化有所不同：相对窄深的弯曲形河道，一般大水流路与中水流路相近，流路取直、趋中，在整治工程控导约束下，河势相对稳定。但宽浅游荡性河段，主溜变化无常，泥沙淤积严重，滩面横比降大，形成二级悬河，洪水期间控导工程约束能力不足，可能出现"斜河""横河"，河势将会出现大尺度的突然变化，对河道工程造成威胁，时间上多发生在落水期。

"斜河""横河"一般多发生在中、小水情时，流量虽不大，但由于水流集中，淘刷甚为严重。险情有三种类型：一是大溜顶冲险工或控导工程，造成坍塌险情；二是河流在工程上首坐弯形成抄工程后路之势，被迫抢修上延工程；三是河流在堤防平工段或村庄附近坐弯，危及群众生命财产安全，需要做工程防护。

2. "横河""斜河"的形成机理

"横河""斜河"是指水流在非工程控导条件下，由于边滩或心滩作用，主溜发生剧烈变化，溜向急剧改变，形成与坝岸工程相垂直或近于垂直的河势状态。"横河""斜河"具有突发性，因受上游来溜方向的局部冲淤影响，难以预测，容易造成工程靠溜部位急剧变化，使坝岸突然靠溜或遭大溜顶冲而出险。

产生"横河"的主要原因：一是滩岸被水流淘刷坐弯时，在弯道下首滩岸遇有黏土层或亚黏土层，其抗冲性较强，水流到此受阻，河湾中部不断塌滩后退，黏土层受溜范围加长，弯道导流能力增大，迫使水流急转，形成"横河"；二是在洪水急剧削落的过程中，由于河内溜势骤然上提，往往在河下端很快淤出新滩，水流受到滩嘴的阻水作用，形成"横河"；三是在歧流丛生的游荡性河段，有时一些斜向支汊发展成为主溜，形成"横河"。

凡是受"横河"顶冲的险工或滩岸，在横向环流的作用下，对岸滩嘴不断向河中延伸，致使河面缩窄，单宽流量与流速增大，险工、滩岸被严重淘刷。如滩嘴一时冲刷不掉，环流不断加强，险工、坝岸被淘刷不已，如抢护不及时，即会造成工程出险，导致严重灾害。所以，"横河""斜河"对丁坝的冲刷远大于一般情况下的水流冲刷，受"横河""斜河"顶冲的丁坝出险概率和严重程度明显高于一般靠河的丁坝。

3. 河势演变与工程出险的关系

河势变化的主要原因在于输沙的不平衡及其所造成的边界（即岸边）条件的变化，一般的规律有以下几点。

（1）小水上提入湾，大水下挫冲尖（滩尖）。

当河道内涨水时，流速增大，比降变陡，水流趋顺，主溜（也称大溜）一般表现为脱湾下挫，冲刷滩尖，此时工程一般无险或有轻微的险情发生；当洪峰过后，河水下落时，则出现相反的情况，水流变得弯曲，主溜一般上提入湾冲刷工程，此时，受大溜顶冲的工程坝垛易出现下蛰或坍塌等各类险情。

（2）此岸坐弯，则对岸出滩，滩湾相对。

在河道的弯道内，受水流横向环流的作用，将泥沙推向凸岸，则出现"湾退则滩进，撤湾则失滩"的规律。一旦主溜入湾，则河面缩窄，流速加大，而河床受冲下切，形成"河脖"。此时，弯道内若有防护工程，则受溜冲刷严重，各类险情易发生，是防守的重点；河湾内若无防护工程，则河湾迅速向深化和下移发展，使河道更加弯曲。如弯道的下嘴有胶泥潜滩，则极易形成"入袖"河势，也叫"秤钩河"，此时流速加大，冲刷力极强，工程出险机遇较多。

（3）上湾河势变则下湾河势也变，上湾河势稳则下湾河势也稳。

上湾河势变则下湾河势也变，上湾河势稳则下湾河势也稳，这是河流向下传播的一种连锁反应。但是，事情总是一分为二的，在不同的弯道内，也有不同的连锁反应。所谓"上湾河势稳则下湾河势也稳"，是指在边岸固定，而河道的来水来沙基本稳定的前提下，上下弯道的相互关系。也就是说，河湾的平面几何尺寸，在一定水流形态的作用下，能够产生一种比较固定的传播关系。因此，在估计工程坝岸险情的发生或发展时，可根据上一湾的导溜情况来估计本工程的靠溜坝垛，以及上提下挫的大致范围。

如在犬牙交错，边、心滩密布的河段内，即使上湾河势下挫，因受过渡段边、心滩的阻水影响，下一湾的河势有时反而会上提，不遵循原来的传播关系。

（4）当上下两湾边界条件（如高程、土质等）有差异时，估计河势变化时要特别慎重。

一般来说，如果上湾边滩土质系黏土（耐冲），下湾是沙质土，则下湾河势多是逐渐上提趋势，工程上段的坝垛出险机遇较多；反之，如果上湾系沙土（易于消逝），下湾是黏土，则下湾河势多是下挫趋势，工程下段的坝垛出险机遇较多。总之，河势上提下挫受溜顶冲的坝垛是出险的重点。

第 2 节　堤防护坡稳定性对出险的影响

河道工程的护坡应该达到《堤防工程设计规范》（GB 50286—2013）要求的稳定安全系数，但是有部分河道工程，由于目前国家经费不足，护坡稳定性达不到规范要求，护坡稳定性成为河道工程出险的影响因素。

2.2.1　护坡稳定性分析

护坡的稳定性，应包括整体稳定和内部稳定两种情况。

2.2.1.1　护坡整体稳定分析

护坡整体稳定包括护坡及护坡基础土的滑动和沿护坡底面的滑动两种情况。前者可用瑞典圆弧滑动法分析，后者可简化成沿护坡底面通过护坡基础的折线整体滑动分析（简称简化极限平衡法）。

1. 瑞典圆弧滑动法

当坝垛滑裂面为土坝基时，可以采用瑞典圆弧滑动法（图 2.7）计算其抗滑稳定安全系数，即

$$K = \frac{\sum(C_{\mathrm{u}}b\sec\beta + W\cos\beta\tan\varphi_{\mathrm{u}})}{\sum W\sin\beta} \quad (2.1)$$

式中：b 为条块宽度，m；W 为滑动面以上条块有效重量，kN；β 为条块滑动面与水平面的夹角，（°）；C_{u} 为土的凝聚力，kPa；φ_{u} 为土的内摩擦角，（°）。

值得注意的是，当坝垛运用过程中存在水位骤降或稳定渗流时，土的力学指标要进行相应调整。

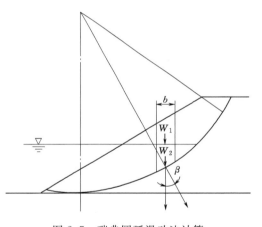

图 2.7　瑞典圆弧滑动法计算

2. 简化极限平衡法

当坝垛护坡发生整体滑动时，可简化成沿护坡底面通过地基的折线整体滑动，滑动面为 $FABC$（图 2.8）。

计算时，先假定滑动深度 t 值、变动 B，按极限平衡法求出安全系数，找出最危险滑裂面，土体 BCD 的稳定安全系数可按式（2.2）计算，即

$$K = \frac{W_3\sin\alpha_3 + W_3\cos\alpha_3\tan\varphi + \dfrac{Ct}{\sin\alpha_3} + P_2\sin(\alpha_2+\alpha_3)\tan\varphi}{P_2\cos(\alpha_2+\alpha_3)} \quad (2.2)$$

$$P_2 = W_2\sin\alpha_2 - W_2\cos\alpha_2\tan\varphi - \frac{Ct}{\sin\alpha_2} + P_1\cos(\alpha_1-\alpha_2) \quad (2.3)$$

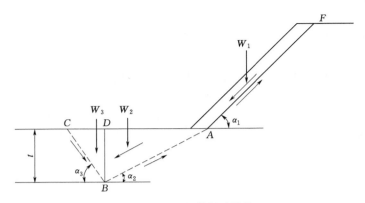

图 2.8 边坡整体滑动计算

$$P = W_1 \sin\alpha_1 - f W_1 \cos\alpha_1 \tag{2.4}$$

式中：W_1 为护坡体重量，kN；W_2 为基础滑动体 ABD 重量，kN；W_3 为基础滑动体 BCD 重量，kN；f 为护坡与土胎的摩擦系数；φ 为基础土的内摩擦角，(°)；C 为基础土的凝聚力，kPa；t 为滑动深度，m；P_1 为堤坡下滑力的合力，kN；P_2 为边坡整体滑动下滑力的合力，kN。

抗滑稳定安全系数 K 可按《堤防工程设计规范》（GB 50286—2013）中的有关规定选取。

2.2.1.2 护坡内部稳定分析

当护坡自身结构不紧密或埋置较深不易发生整体滑动时，应考虑护坡内部的稳定性。

护坡内部稳定分析参照《堤防工程设计规范》（GB 50286—2013），采用维持极限平衡所需的护坡体内部摩擦系数 f_2 值，按式（2.5）～式（2.9）计算，即

$$A f_2^2 - B f_2 + C = 0 \tag{2.5}$$

$$A = \frac{n m_1 (m_2 - m_1)}{(1 + m^2)^{1/2}} \tag{2.6}$$

$$B = \frac{m_2 W_2 (1 + m_1^2)^{1/2}}{W_1} + \frac{m_2 - m_1}{(1 + m_1^2)^{1/2}} + n (m_1^2 m_2 + m_1)^{1/2} \tag{2.7}$$

$$C = \frac{W_2 (1 + m_1^2)^{1/2}}{W_1} + \frac{1 + m_1 m_2}{(1 + m_1^2)^{1/2}} \tag{2.8}$$

$$n = \frac{f_1}{f_2} \tag{2.9}$$

式中：m_1 为折点 B 以上护坡内坡的坡率；m_2 为折点 B 以下滑动面的坡率；f_1 为护坡和基土之间的摩擦系数；f_2 为护坡材料的内摩擦系数。

块石护坡稳定安全系数可按式（2.10）计算，即

$$K = \frac{\tan\varphi}{f_2} \tag{2.10}$$

式中：φ 为护坡体内摩擦角，(°)。

边坡内部滑动计算简图见图 2.9。

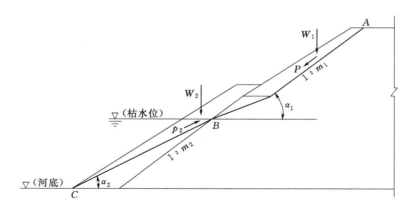

图 2.9　边坡内部滑动计算

2.2.2　护坡稳定性对河道工程影响的计算实例

　　根据已有地质资料和不同险工情况，选取黄河的曹岗、影堂、大道王、道旭、麻湾五处险工的五个典型断面进行整体抗滑稳定性计算分析及护坡内部稳定性计算分析，并对不满足稳定要求的扣石坝、乱石坝进行了反演分析，推算出满足稳定性要求的剖面尺寸，见表 2.1。

表 2.1　　　　　　　　险工整体抗滑稳定及护坡稳定计算成果

位置		坦　石				根　石				整体滑动安全系数 K				护坡安全系数 K
										正常情况		非常情况		
		顶宽 /m	坦高 /m	外坡	内坡	顶宽 /m	坦高 /m	外坡	内坡	中水	高水骤降	枯水	枯水地震	
曹岗 29 号	改前	0.80	2.31	1：1.0	1：0.8	1.50	1.00	1：1.3	1：0.8	1.12	0.95	1.00	0.86	
	改后	1.00	3.91	1：1.5	1：1.3	2.00	1.64	1：1.5	1：1.3	1.25	1.17	1.12	0.93	1.22
影堂 7 号	改前	1.00	4.52	1：1.5	1：1.1	2.00	13.80	1：1.0	1：1.1	1.40	1.13	1.15	0.77	
	改后	1.00	4.83	1：1.5	1：1.3	2.00	14.20	1：1.5	1：1.3	1.49	1.19	1.24	0.96	
大道王 13 号	改前	0.70	4.05	1：1.0	1：0.85	1.00	4.22	1：1.5	1：1.3	0.79	0.83	0.72	0.68	
	改后	1.00	4.22	1：1.5	1：1.3	2.00	8.60	1：1.5	1：1.3	0.84	0.85	0.74	0.69	0.97
道旭 7 号	改前	0.50	4.47	1：1.0	1：1.0	3.00		1：1.0		1.11	1.01	1.02	1.00	
	改后	1.00	4.82	1：1.5	1：1.3	2.00	12.50	1：1.5	1：1.1	1.19	1.05	1.12	1.04	1.03
麻湾 15 号	改前	1.50	4.22	1：0.8	1：0.6	2.90	11.55	1：1.5	1：1.5	1.07	0.96	1.07	1.03	
	改后	1.00	3.85	1：1.5	1：1.3	2.00	11.30	1：1.5	1：1.3	1.17	1.06	1.30	1.18	1.05

　　计算工况分为正常和非正常两种。

　　1．正常情况

　　（1）设计中水位下稳定渗流时临水侧坡的整体稳定性。

　　（2）设计洪水位骤降期临水侧坡的整体抗滑稳定性。

2. 非常情况

（1）设计枯水位下（施工期）临水坡的整体抗滑稳定性。

（2）设防地震烈度下，枯水时临水坡的抗震稳定性。

以上各种工况均是在达到稳定冲刷的前提下，分别计算险工改建前后两种情况并进行比较。

按照规范规定，整体抗滑稳定性安全系数正常情况下应达到 1.3，非常情况下达到 1.2 才能满足稳定性安全要求。从表 2.1 中可以看出，所选典型剖面的乱石坝、扣石坝，仅有影堂 7 号坝在正常情况中水位时、麻湾 15 号坝在正常情况枯水位时整体滑动能满足稳定性要求。而其余险工的坝型在正常情况和非常情况下均达不到堤防设计规范的稳定性要求。为求得稳定断面，对险工整体抗滑稳定性进行了多次计算并得出结论：在其他计算参数不变的情况下，若保持坦石外边坡（1:1.5）和根石台宽（2m）不变，则根石外边坡需缓于 1:3 才能使正常情况下安全系数达到 1.3，非常情况下安全系数达到 1.2。当考虑坦石外坡和根石外坡不变（1:1.5），而考虑加宽根石台时，根据结构型式和土质不同需放宽到 10m 以上才能满足正常情况和非然情况下的安全系数，其工程量应增加 500%。显然，国家财力是难以承受的。

总体上，由于目前的工程整体抗滑稳定性不满足规定的安全系数，工程建设标准低，工程出险就多，其断面要经过多次下蛰、抢险后才能达到稳定状态。这也是工程出险的一个重要原因。所以，需要在抢险中逐步加固，防止造成坝岸失稳出现险情。

第 3 节　其他因素对出险的影响

2.3.1　工程管理

工程管理不善，同样会造成河道工程出险。按要求应定期对河势工情进行观测，发现根石断面不足或险情，应及时抛根加固或组织力量抢护；否则，会导致丁坝出险或险情进一步扩大。挖泥船或泥浆泵靠近丁坝取土挖沙，在丁坝前沿形成人为冲刷坑，造成根石蛰动或坝岸出险。另外，淤背区长期积水，临河丁坝受渗透水压力和饱和土压力共同作用也会造成坝岸滑塌出险。

2.3.2　工程布局

布设合理的河道工程对河势的控导作用是显著的，河势比较稳定、归顺；而布设不合理的工程对河势的控导作用较弱，河势变化大。现有的河道整治工程由于存在布局不合理的情况，工程整体迎溜能力不强，送溜不稳，引发河势发生较大变化，出现"横河""斜河""畸形河湾"现象，致使工程出险较多。尽管近年来国家加大了治理的力度，逐步调整了部分工程的平面布局，但历史形成的工程布局一时难以改变。

（1）从工程的整体布局看，坝挡过大造成上游坝掩护不了下游坝形成回流，甚至出现主流钻挡，冲刷坝尾出现大险。还有个别坝位突出，形成独坝抗大溜，造成水流翻花，淘根刷底，坝前流速增大，水流冲击力超过根石启动流速，被大溜冲走块石，造成根石走失，出现大险。部分工程位置明显靠前或退后。位置靠前的工程兜溜过死，直将溜挑到下一工程的上首，使工程上首坝岸单坝或少数坝靠溜，险情频发且严重，甚至在工程上首的滩地坐弯；位置靠后的工程不靠溜或靠溜不紧，无法控制溜势，使下游河道河势不稳，上提下挫反复变化，加剧险情的发生和发展。

（2）工程平面布局不合理。部分工程平面布局呈"外凸型"或多个"内凹型"。一处工程存在多个道，各个迎、导、送溜能力不同，不但极易造成工程出现较大险情，而且出溜方向极不稳定，严重影响下段河道的河势稳定，造成以下工程出险。此种平面布局的工程游荡性河段较多，过渡性河段次之，而弯曲性河段一般较少。

（3）从工程位置线看，一处工程相邻坝的长短差别很大，工程位置线整体虽呈圆弧形的曲线，但相邻坝岸长短不一，呈折线形，造成了工程少数坝岸挑溜过重，容易出现较大险情，同时水流很容易在长坝下首的短坝处形成回溜，冲刷连坝或坝后尾的土坝基，造成工程出险。

2.3.3　施工条件和施工质量

1. 施工条件

传统结构修建时的坝体基础深度受到一定限制。旱工结构，因其在旱地上施工，滩面以下的根石深最多达到 $2\sim3m$；水中进占坝，虽然比旱工结构基础深些，但也是有限的。如果修做时水流集中，大溜顶冲，坝前冲刷坑较大，基础虽相应增加，但施工难度及用工用料也成倍增加，稍有不慎就有跑场的危险。虽然施工时有些工程冲刷水深较大，但仅靠施工期达到稳定冲刷深度的工程是很少的。因此，传统结构新修坝必须经过抢险才能达到稳定。从某种意义上讲，抢修就是丁坝加深加固基础的施工过程。

2. 施工质量

现有工程建设尽管按施工规范进行，但有些地方受施工人员素质、施工场地、施工季节、材料等条件的限制，施工质量未能满足设计要求，造成工程靠溜后出险。例如，因土坝基的土源不足，部分采用沙土修做，沙土之间凝聚力小，遇水易饱和，流失快，也会造成工程出险。再有因坝基碾压不实，暴雨浸泡和冲蚀，导致坝体沉陷形成水沟浪窝，积水进一步冲刷坝身，使土体流失坍塌出险。另外，施工时没有严格按程序进行，枕、铅丝笼等没有按要求捆扎和抛投，以及土胎没有黏土包边或包边厚度不足等，都有可能增加丁坝出险概率。

第3章

河道整治工程巡查与监测

河道整治工程是河流抗御洪水的主要设施与工具，由于受大自然和人类活动的影响，工作状态和抗洪能力都在不断地变化，随时可能出现一些新情况，若未能及时发现和处理，一旦汛期情况突变，往往给抢险工作造成被动局面。因此，应及时对河道工程、行洪障碍进行巡查与监测；对根石进行探摸，加强抢险工程的河势观测等，把风险降到最低，确保工程完整。

第1节 巡 查 组 织

河道巡查工作由河道主管部门技术骨干负责，专业巡查队伍与群众队伍相结合，分为定期巡查与不定期巡查。定期巡查即每周或每月对靠河着溜坝垛进行巡查，发现险情及时报告；不定期巡查一般在洪水期间（主汛期）或中小洪水长时间大溜顶冲坝垛时进行，必要时应昼夜巡查，确保险情及时发现，及早抢护。

3.1.1 河道巡查的重要性

水是生命的源泉，河道是水的重要载体，在整个人类发展史上河道起着重大作用。河道具有改善生态环境、防洪排涝、灌溉抗旱、航运排污、城乡供水等功能，如不加以有效保护和治理，遇洪水堤防失事，便会造成洪水泛滥成灾。

防汛和抢险是不可分割的两部分，抢险是临危情况下的被动应急措施，防汛的重点是预防。"防"得周密严谨，"抢"得就少而易，因此历来强调"防重于抢"。"防"包含的内容很多，包括对防洪工程可能出现的各种险情的检查、观测，发现问题及时有效地整治，做到"防微杜渐、治早治小"。

1. 河道汛期类型

由于各河流所处的地理位置和涨水季节不同，汛期的长短和时序也不相同。根据江苏省洪水发生的季节和成因不同，汛期类型一般分为两种：

（1）以夏季暴雨为主产生的涨水期，称为"伏汛期"。

（2）以秋季暴雨（或强连阴雨）为主产生的涨水期，称为"秋汛期"。

不同的河流，虽然主汛期发生时间不同，但对河道工程巡查与监测的内容与要求都基本上是一致的。

2. 河道汛期时段的确定

江苏多数江河的暴雨洪水发生在伏秋大汛期，暴雨洪水的季节性与雨带南北移动和台风频繁活动有密切关系，所以各河流流域汛期的起止时间不一样。汛期（主要指伏秋大汛）起止时间的划分，一般用该时段洪水发生的频率来反映。以超过年最大洪峰流量多年平均值的洪水称为"大洪水"。汛期时段的确定，是要保证90%以上的"大洪水"出现在所划定的时段内；主汛期则以控制80%以上的"大洪水"来确定时段。例如，江南地区4—9月是汛期，5—6月是主汛期；长江5—10月中旬为汛期，7—8月是主汛期。

由于暴雨比洪水超前，加上防汛工作的需要，政府部门规定的汛期一般要比自然汛期时间长一些。例如，政府部门规定珠江汛期起止时间为4月1日—9月30日，长江为5月1日—10月31日，松花江为6月1日—9月30日等。

在汛期，特别是主汛期，各流域河道主管部门要结合所在流域河道情况，制订出切实可行的河道巡查与监测工作计划，对易出险的重点河段、险工及控导工程坝岸，更要加强河道巡查与监测工作，发现险情立即上报，确保河道安全度汛。

3.1.2 河道巡查队伍

为取得防汛抢险的胜利，除发挥工程设施的防洪能力外，组织好河道工程巡查队伍、充分发挥河道工程巡查的作用也是十分重要的。总结历史上防汛成功的经验，重要的一条就是"河防在堤，守堤在人，有堤无人，与无堤同"。河道工程巡查队伍的组织，要坚持专业队伍和群众队伍相结合，实行军（警）民联防。各地防汛指挥部应根据当地实际情况，研究制订河道工程群众巡查队伍和专业巡查队伍的组织方法，它关系到防汛安全与成败，必须组织严密，行动迅速，服从命令，听从指挥，并建立技术培训制度，使之做到思想、组织、抢险技术、工具料物、责任制"五落实"，达到"招之即来，来之能战，战之能胜"的要求。河道巡查队伍一般由专业、群众、人民解放军和武警部队组成，是防汛抢险的强大力量。

1. 专业巡查队伍

专业河道工程巡查队伍是防汛抢险的技术骨干力量，由河道工程管理和维修养护单位的管理人员、养护人员等组成，平时根据掌握的管理养护情况，分析工程的抗洪能力，划定险工、险段的巡查部位，做好巡查准备。进入汛期即进入巡查岗位，密切注视汛情，带领并指导群众巡查队伍巡堤查险，及时发现与分析险情。河道工程专业巡查队要不断学习工程管理、维修养护知识和防汛抢险技术，并做好专业培训和实战演习。

为确保河道工程巡查工作的顺利进行，专业河道工程巡查队伍配有交通、照明、通信、运输、监测等设备，非汛期参加工程管理、养护、建设施工等任务。

2. 群众巡查队伍

长江及其他江河的群众巡查队伍组织并不完全统一，多是从实际出发，因地制宜，一般是以沿江河的乡镇为主，组织青壮年在汛期对河道工程分段巡查。根据实际防汛需要安排巡查力量。主要任务是当发生大洪水或特大洪水时，参加河道工程巡查工作。

群众巡查队伍由群众抢险队、防汛预备队的人员组成。人数比较多，由沿河道堤防两岸和闸坝、水库工程周围的乡、村、城镇街道居民中的青壮年组成。常备巡查队伍组织要健全，汛前登记造册编成班组，做到思想、工具、料物、一般抢险常识四落实。汛期达到各种防守水位时，按规定分批组织出动。

3.1.3　巡查的组织与人员

汛期的工程防守和巡查任务由当地防汛指挥部组织，河务部门指导群众防汛队伍实施。

（1）在大河水位低于警戒水位时，由当地河务部门负责人组织河道巡查，由河务部门岗位责任人承担。

（2）达到或超过警戒水位后，由县、乡（镇）人民政府防汛责任人负责组织，由防汛巡查组承担，河务部门岗位责任人负责技术指导，要做到以下几点。

1）由河道工程所在地乡镇建立工程巡查指挥所，负责所属堤段河道工程巡查。以河道工程所在村为单位组织河道工程巡查组，具体落实河道工程巡查有关任务。

2）以村为单位对河道工程坝岸进行分段包干，每段均应设立责任人标志牌，各村以村民小组为单位分组编班，每组 5～6 人。各班由村干部、党员任班长，负责每个班次交接到位、人员督察要到位、任务落实抓到位。

3）各村将巡查小组班次安排、带班班长、各班人员登记造册，并报乡（镇）河道工程巡查指挥所、县（市、区）防汛指挥部办公室留存备查。

4）县河务部门对上岗巡查人员进行工程巡查及抢险有关知识培训，使其了解和掌握不同险情的特点、检查及抢护处理方法，做到判断准确、处置得当。

3.1.4　巡查队伍岗位责任制

汛期管好、用好水利工程，特别是防洪工程，对搞好防汛、减少灾害是至关重要的，巡查队伍实行岗位责任制，明确任务和要求，定岗定责，落实到人。岗位责任制范围、安全要求、责任等一目了然。

洪水期间，一线群众巡查队伍上堤后，担负防守工程和巡堤查险任务，其职责是：保持高度警惕，认真巡堤查险，严密防守工程，及时发现、处理险情，恢复工程完整，确保工程安全，要做到以下几点。

（1）学习掌握查险方法、各类险情的识别和抢护知识，了解责任段的工程情况及抢险方案。

（2）上堤防守期间，严格遵守防汛纪律，坚决执行命令，密切注意坝岸、堤防等工程动态，及时发现、迅速判明险情，立即向上级报告，并及时处理。险情紧急的可边抢护、边上报。

（3）群众巡查队伍上堤坝后，要及时清除高秆杂草等有碍查险的障碍物，整修查险小道，检查处理隐患，做好护堤、护树、护料、护线、保护工程设施和测量标志等工作。负责修复水（雨）毁工程，填垫水沟浪窝，平整堤顶。

（4）发现工程上的可疑现象要及时上报，并做好观测守护工作，必要时固定专人观测守护。

（5）提高警惕，防止一切人为的破坏活动，保卫工程安全。

3.1.5　河道管理职工班坝责任制

班坝责任制是指专业管理（包括运行观测、维修养护）与防守险工（包括控导护滩工程）坝垛的工程班组和个人实行分工管理与防守的责任制度，即根据工程长度、坝垛数量、管理或防守力量等情况，把管理和防守任务落实到班组或个人，并提出明确任务要求，由班组制订实施计划，认真落到实处，确保工程完整与安全。

3.1.6　专业巡查队伍技术责任制

在河道巡查工作中，每组由河道主管部门专业技术骨干作为专职技术员。为充分发挥技术人员的技术专长，实现科学抢险，为防汛指挥提供准确的数据、做好参谋和耳目，凡是有关预报数据、评价工程抗洪能力、采取抢险措施等技术问题，应由各巡查小组的技术骨干负责，建立技术责任制。关系重大的技术决策，要组织相当技术级别的人员进行咨询，以防失误。

在河道工程抢险期间，巡查现场每组应设一名专职技术员，负责巡查过程各种险象的判明、记录，必要时附险情图片、影像，发现问题，随时上报。汛期河道主管机关县级防汛办公室应按规定每日上报一次。有特殊情况应随时报告。

第2节　工　程　巡　查

防汛是一项责任重大的工作，工程巡查工作是防汛工作的重要组成部分，河道管理部门必须建立健全工程巡查制度，使巡查人员明确工程巡查的主要内容与方法，逐步实现巡查工作正规化、规范化，做到有章可循、各司其职。

3.2.1　巡查的时间

沿河工程非汛期要求每天至少巡查一次，汛期每天早晚各一次，洪水期（包括涨水、洪峰、落水期）每隔2h一次。对于新修工程、工程基础浅或大溜顶冲的坝垛，要增加巡查观测次数。

3.2.2　巡查的方法

（1）按分配的责任段，巡查人员横排定位，按坝的根石部位、坝坡、坝顶各一人，"一"字形分布前进，从迎水面去，背水面回；两组同时相向进行，严禁出现漏查点。对重点险工险段设立坐哨。

（2）巡查人员必须聚精会神，在巡查河道工程时要做到"四到"，即手到、脚到、眼到、耳到。

1）手到。要用手探摸检查，对坝岸上有草或障碍物不易看清而又有可疑的地方，应用手拨开检查。

2）脚到。借助脚走（必要时应赤着脚走）时的实际感觉来判断险情，分为以下几种情况。

a. 从水温来鉴别。雨天沿堤脚都有水流，可从水的温度来鉴别雨水或渗漏水。一般情况下，从坝岸内渗漏出来的水流总是低于当时雨水的温度。

b. 从土层软硬来鉴别。如坝岸土是由雨水泡软的，其软化只为表面一层，内部仍是硬的；若发现软化不是表层，而是踩不着硬底，或是外面较硬而里面软，可能有险情。

c. 从虚实来鉴别。对水下堤坡有无塌坑或崩陷现象，可凭脚踩虚实来判断。

3）眼到。要看清坝面、坝坡有无崩陷裂缝、漏水等现象，坝岸及其迎水面有无崩塌。

4）耳到。用耳探听附近有无隐蔽漏洞的水流声，或滩岸崩塌落水等其他异乎寻常的声音。

（3）巡查人员做到"三有"（有照明用具、有联络工具、有巡查记录）、"三清"（险情查清、标志做清、报告说清）、"三快"（发现险情要快、报告要快、处理要快）。在吃饭、换班、黄昏、后半夜黎明和刮风下雨时要特别注意，严防疏忽忙乱，遗漏险情。

（4）各巡查人员必须佩戴标志，挂牌巡查，强化责任，接受监督。

3.2.3　巡查制度

1. 查险制度

各级河务部门要及时向防守人员介绍防守工程的历史险情和现存的险点，及时报告。基干班查险要形成严密、高效的巡查网络，能随时掌握责任区内工情、险情、薄弱环节及防守重点，制订工程查险细则、办法，并经常检查指导工作。查险人员必须听从指挥，坚守岗位，严格按照巡查办法及注意事项进行巡查，发现险情应迅速判明情况，做好记录，并及时向上级汇报情况，迅速组织抢护。

2. 交接班制度

查险必须实行昼夜轮班，并严格交接班制度。查险换班时，相互衔接十分重要，接班人要提前上班，与交班人共同巡查一遍。上一班必须在查险的线路上就地向下一班组交接。夜间查险，要增加组次和人员密度，保证查险质量。县（市、区）、乡镇及驻堤干部全面交代本班查险情况（包括水情、工情、险情、河势、工具料物数量及需要注意的事项等）。对尚未查清的可疑险情，要共同巡查一次，详细介绍其发生、发展变化情况。相邻队（组）应商定碰头时间，碰头时要互通情报。

3. 值班制度

防汛队伍的各级负责人和驻堤带班人员必须轮流值班、坚守岗位，全面掌握查险情况，做好查险记录，及时向上级汇报查险情况。

4. 汇报制度

交接班时，班（组）长要向带领防守的值班干部汇报查险情况，带班人员一般每日向上级报告一次查险情况，发现险情随时上报，并根据有关规定进行处理，及时上报抢险情况。

5. 请假制度

查险人员上坝后要坚守岗位，不经批准不得擅自离岗，休息时就地或在指定地点休息。原则上不准请假，遇个别特殊情况，必须经乡镇防汛指挥部批准，并及时补充人员。

6. 督查制度

建立三级督查责任制，即县（市、区）防汛指挥部抽查，乡镇领导督查，村干部检查。督查组必须对照登记名册督查到人，检查参加巡查的领导和人员是否到位，是否按照规定的要求开展巡查，各项制度措施是否落实。

7. 奖惩制度

加强思想政治工作，工作结束时进行检查评比。对于工作认真、完成任务好的要给予表扬，做出突出贡献的由县级以上人民政府或防汛指挥部予以表彰、记功或物质奖励。对不负责任的要批评教育，玩忽职守造成损失的要追究责任，情节、后果严重的要依照法律追究责任。

有以下几点注意事项。

（1）工程巡查的重点。一是要放在着溜较重的坝垛上。二是放在着溜较轻但根基薄弱的坝垛。三是要根据河势上提下挫变化，对新靠河着溜的坝垛加强观测，防止突发险情发生。

（2）靠溜较紧的某一坝垛巡查时也应注意观测的重点部位是迎水面、拐点、坝前头与上跨角。上下游回溜较大时，应加强对迎水面尾部和背水面的观测，防止坝基未裹护部分至联坝被冲刷抄后路。观测、探摸根石台或坦石是否有坍塌现象，坝顶是否有纵横向裂缝等。

（3）巡查时要做好巡查记录，记录的主要内容有险象的发现时间、坝号、部位、河势、工情的变化、长度、宽度、高度、坍塌体入水深度、出险原因、险情类别等，并及时上报。遇重大险情要及时上报、派专人看护，并迅速组织抢护。

3.2.4　巡查的主要内容

工程靠河靠溜情况，上下首滩岸变化情况，水位观测，坝体（土坝基与石方护坡）、根石及坦石裂缝、移动，根石走失情况等。巡查人员应认真填写观测记录，并签名负责。

河道工程巡查主要是对坝体的巡查，即土坝基与石方裹护部位的巡查。

1. 土坝基巡查

（1）坝基有无裂缝，裂缝是平行于轴线的纵缝还是垂直于轴线的横缝，或者是圆弧形缝，度量缝宽、缝长及缝深。对于纵缝，要注意其平面形状及延展趋向；对于横缝，则着重查明是否贯穿整个坝基及其深度；对于圆弧形裂缝，要注意其延伸范围及滑动面错落情况。对于可能导致重大险情的裂缝，应加强观测，分析和判断发生的原因，密切注意其变化趋势，并对裂缝加以保护，防止雨水注入和人畜践踏。

（2）观察坝顶及坡面有无滑坍、塌陷、水沟浪窝等。

（3）观察有无害虫（如白蚁）、害兽（獾、狐、鼠）等活动痕迹，发现后应及时追查洞穴并加以处理。

（4）对表面排水系统，应注意有无裂缝或破坏，沟内有无障碍阻水及泥沙淤积。

（5）观察坝顶有无挖坑、取土、开缺口、耕种农作物、搭棚屋等人为损坏现象。

（6）观察坝顶标志桩（坝号桩、各种测量标志桩）、界碑、路标、历史事件标志碑是否松动、缺失，发现后应及时处理，以确保标志完整。

（7）观察护坝树木情况，如发现树木被盗或被牲畜啃食，应立即制止和报警。

（8）观察河道防护工程外护堤地内的树木和界桩标志是否松动、缺失，发现后应及时处理，以确保标志完整。

（9）观察其他附属工程。观察坝基顶部土牛、备防石块等是否人为损坏、被盗。

2．石方裹护部位巡查

（1）石方裹护部位包括石方护坡与护根，即坦石与根石有无翻起、松动、塌陷、架空、垫层流失或风化变质等现象。

（2）密切注意本河段的河势变化，观察上下游及对岸河湾演变趋势、河中心滩及对岸边滩的冲淤移动、险工贴溜范围及主溜顶冲点上提下挫位置及变动情况。

（3）工程附近流速流态观察，观察有无漩涡、回流现象，它们的范围、强度有无变化。

（4）基础及根石的探摸，河道防护工程大多以抛石为基础，由于防护工程所在处大多是水深溜急的主溜顶冲区，因此经常发生基础根石沉陷和走失，严重威胁工程安全，因此应经常探测基础根石的稳定情况，探明根石是否流失，坡度、厚度是否达到要求等。

目前，探摸根石还缺少行之有效的机械探测方法，基本上仍是人工探摸。

第 3 节　河道行洪障碍巡查

近年来，随着社会经济的发展，在河道上架设了大量的桥梁等跨河建筑物，河道行洪安全越来越多地受到影响。因此，必须对行洪障碍进行巡查。

河道行洪障碍巡查要求，严格按照河道清障责任制："实行河长负责制，防汛指挥部负责清障工作具体事宜"，及时对河道行洪障碍物、跨河建筑物以及蓄滞洪区等进行巡查，分析影响河道行洪的原因，建立清障机制、依法加强管理等措施。采取经常巡查、定期与不定期巡查相结合的方式，加大河道工程巡查的密度和力度，并对重点地段、案件多发地段加强巡查的次数，做到发现问题、及时制止，将一切违法行为消除在萌芽状态。

3.3.1　行洪障碍巡查

1．巡查要求

汛期河道内险情的发生和发展，都有一个从无到有、从小到大的变化过程，只要发现及时、抢护措施得当，即可将其消灭在早期，化险为夷。巡查是河道管理防汛抢险中一项极为重要的工作，不可掉以轻心，疏忽大意，要能够及时发现引起险情发生的原因及影响河道行洪的障碍物。具体要求如下。

（1）挑选熟悉河道情况，责任心强，有河道管理经验的人担任巡查工作。

（2）巡查人员力求固定，整个汛期不变。

（3）巡查工作做到统一领导、分工负责，要具体确定巡查内容、路线及巡查时间（或次数），任务落实到人。

（4）当发生暴雨、台风、地震、水位骤升骤降及持续高水位或发现有异常现象时，增加检查次数，必要时对可能出现河势重大变化及重大险情的部位实行昼夜连续监视。

（5）巡查时带好必要的辅助工具和记录簿、笔。对巡查情况和发现的问题应当记录，并分析原因，必要时写专题报告，有关资料存档备查。

（6）巡查路线上的道路符合安全要求。

2. 巡查内容

河道行洪障碍物，即对河道行洪有阻碍的物体。它是降低河道排洪能力的主要原因，要通过清障检查，查找阻水障碍，摸清阻水情况，制订清障标准和清障实施计划，按照"谁设障、谁清除"的原则进行清除。

（1）检查河道滩地内有无树林，分析是否影响过水能力。

（2）检查河道内有无违章建房和堆积垃圾、废渣、废料，造成缩窄河道、减小行洪断面、抬高洪水位。

（3）计算障碍物对行洪断面的影响程度，将有障碍物的河道水面线与原水面线进行比较。

（4）检查河道内的生产堤、路基、渠堤等有无阻水现象。这种横拦阻水不仅壅高水位、降低泄洪能力，而且促使泥沙沉积、抬高河床。

（5）检查河道糙率有无变化。许多河道是复式河床，滩区一般都有茂密的植物生长，使糙率变大，影响过洪流量。

另外，河口淤积使河道比降变缓，以及码头、栈桥、引水口附近的河势变化等，都是影响河道泄洪的因素，在检查中都应予以注意。

3.3.2　跨河建筑物巡查

随着国家经济建设与人们交通生活的需要，在河道上修建铁路桥、公路桥越来越多，有的已经运行多年，有的工程在建，因此对河道行洪是否产生障碍，也越来越被人们重视。

检查河道上桥梁墩台等有无阻水现象。有些河道上桥梁的阻水现象很突出，由于壅高水位，不仅降低河道的防洪标准，而且过洪时也威胁桥梁的安全。

汛期及洪峰期间，要经常查看桥墩处是否有大量河道漂浮物阻水。如有，应要求大桥管理部门的防汛人员立即清除。

3.3.3　河道清障工作

1. 河道清障责任制

目前实行河长负责制。防汛指挥部负责清障工作具体事宜。

2. 河道清障范围

把沿江河的堤防建设和防止乱建、乱占、乱倒、阻碍河道行洪作为清障的重点。

3. 河道清障权限

河道清障任务应由河道主管机关提出清障计划和实施方案，由防汛指挥部责令设障者在规定的期限内清除。

第4节　抢险河势观测

河势观测是对河道水流的平面形势及其发展变化趋势的观测。河势观测在洪水期特别是易出险的河段、坝岸非常重要，在防汛抢险工作中加强对河势的观测，是制订抢险方案、确定正确的抢护方法所必须做好的基础性工作，使抢险工作顺利进行，少走弯路，尽量使人力、物力少受损失，做到"抢早抢小、一气呵成"，确保工程安全。抢险工作完成后，继续加强河势与工情的观测，预测河势发展变化，随时做好抢险的准备工作。

3.4.1　抢险时的河势观测

抢险时的河势观测工作是制订抢险方案的重要依据，抢险河势分析落脚点在于出险坝垛河势的稳定程度。根据上游两三个河湾的河势溜向状况、坍塌状况，结合来水状况，分析预估该出险坝垛河势是否会发生变化，由此确定或调整抢险方案，一般有以下两种情况。

1. 河势变化较小

短期内河势发生变化的可能性较小，出险的坝、岸预示着将在较长时间内受到同一河势的影响，这时要做好打持久战的准备。对于新修控导（护滩）工程的抢险，这种河势是不利的，一段时间集中冲刷新修工程，冲刷坑将不断加深，新修工程的根石将需要不断补充，补充不及时会引起坦石坍塌，必须引起高度重视，备足抢险人员、料物和机械，做连续不间断抢险的准备。如果抢抛料物不及时，也有垮坝、跑坝的可能。

有一定基础的老坝基，由于大溜长时间冲刷，也容易发生根石走失，必须及时进行根石探测，发现坝、岸根部石料小于稳定坡度要及时补充料物，确保工程的稳定性。

2. 不稳定河势

在工程范围内上提下挫，变化范围大，受到主溜顶冲的坝岸时常发生变化，不同的坝岸将可能发生新的险情，这时抢险要打拉锯战、持久战。这是最为不利的河势。

河势变化大、主溜摇摆不定，分别靠在工程的上部、中部或下部，主溜顶冲工程的部位不同，发生的险情也不同。

（1）主溜顶冲工程上首。一般情况下按照河势的变化，根据需要才修筑上延工程，所以工程上首修筑的坝岸会晚于工程的中部主要坝段，工程基础较浅，平时工程上首靠溜较少，根石的深度难以达到一个较理想的程度。当河势主溜顶冲工程上部时，如果工程处在节点部位，入流比较陡，水流集中所形成的冲刷坑的范围及深度比较大。由于工程坝岸受到主溜的顶冲，坝前冲刷坑的形成，就会导致新的险情。如果变化的主溜可能顶冲工程上首处的滩地，冲刷滩地遇有串沟，就有可能发生滩地走溜，甚至发生抄工程后路的险情，应高度警惕。

抢险材料如由外运来料更好，没有条件外运来料时，可就近砍伐联坝上的树枝，如抢险工地附近有村庄的，应立即动员群众砍伐村内的树枝，必要时群众存放的麦秸、稻草、玉米秆、高粱秆、芦苇等一齐征用。

（2）主溜顶冲工程中部。虽然工程中部的坝岸基础一般较好，可根据修建时的基础及近几年的河势变化，顶冲主溜的能力强弱不同，顶冲主溜比较强的坝，即主坝；否则为次坝，所以观测人员应根据河势变化，及时探摸靠溜坝岸的根石情况，要特别加强对主坝的河势观测。

工程中部坝垛受主溜顶冲，如果两道坝及多坝同时被主溜顶冲，要注意加强最上面那道靠主溜的坝的河势观测，昼夜观测，及时探摸根石，发现根石走失，及时抢护。还要加强对主溜顶冲部位联坝的河势观测，要警惕联坝险情，注重对柳料、秸料及其他软料的筹备，备足人员、料物，发现险情，及时抢护。

如果河势大幅度变化，主溜趋中，溜走中泓，整个工程各坝垛均不靠主溜，则抢险是暂时的，随着河势溜向的逐渐外移，险情会逐渐得到缓解。

（3）主溜顶冲工程下部。一般下延工程的修建，是为了控导调整河势，因河势变化被动抢修而成，修建时间往往会晚于中间的坝岸，修建时间短，经受洪水、洪峰的次数较少，坝岸的基础稳定性差，观测河势应引起重视，才能及时发现险情。

主溜顶冲工程下部时，特别是一些新修工程的下部，由于工程底基础埋置深度浅，大洪水时，洪水漫滩出槽，水流随串沟夺流，或老流路走河，极易发生顺堤行洪或发生"横河""斜河"的险情。这种险情的特点：水流失去控制、工程无根基、险情发展快、防守及抢护难度大。为了预防此类险情的发生，对新修工程要加强根石探摸，不断补充根石及坦石，如根石走失严重，要及时抛投柳石枕或柳石搂厢。备足抢险人员、料物、机械设备，做好抢大险的准备。

总之，在抢险过程中要加强河势观测，不断分析，及时确定和调整抢险方法，尽快使险情化险为夷。

3.4.2　抢险后的河势观测

抢险工作结束后，思想也不能放松，对险情的控制也许只是暂时的，应派有经验的技术人员继续观测河势与工情，分析河势变化，根据河势的演变规律，并结合当地河势演变的具体特点、当地河道两岸边界条件状况对河势变化的影响以及上游来水来沙对本河段河势的影响，及时做好险情的信息反馈。

如上游河湾溜势不稳定，可能上提下挫到河道工程的其他坝垛上，这时要注意跟踪观测河势溜向变化，对其他坝垛加强河势观测，确保整个工程的安全。

第5节　根　石　探　摸

准确掌握根石状况，可为防洪抢险提供最基础的参考资料。根石探摸是探测河道坝岸工程水下工作状态安全程度，争取防汛抗洪工作主动的重要手段。因此，上级要求每年汛前、汛中、汛后均对河道工程特别是靠河坝垛的根石进行探摸。根石探摸工作结束后，根据探摸结果，还要及时撰写根石探摸报告，报告中写明拟采取的抢险或加固措施。

3.5.1　进行根石探摸的重要性

河道整治工程是河道防洪工程的重要组成部分,主要包括控导工程和险工两部分。控导工程和险工由丁坝、垛(短丁坝)、护岸三种建筑物组成。土坝体、护坡的稳定依赖于护根(根石)的稳定。这些工程常因洪水冲刷造成根石大量走失而导致发生墩和坝体坍塌等险情,严重时将造成垮坝,直接威胁堤防的安全。为了保证坝垛安全,必须及时了解根石分布情况,以便做好抢护准备工作,防止垮坝等严重险情的发生。因此,根石探测是防汛抢险、确保防洪安全的重要工作之一。

3.5.2　根石探摸的要求

坝垛根石探摸是在预先设置的固定观测断面上进行的,观测断面一般由两个固定点决定,一个在坝顶上口,另一个在坝顶轴线部位或坝坡或根石台顶。观测断面的数量依坝垛长短确定,一般河势大幅度变化,主溜趋中,溜走中泓,整个工程各坝垛均不靠大溜,长的丁坝,水面设置2~3个观测断面,上跨角、坝前头、下跨角、背水面各设置两个断面。

根石探摸成果包括断面图、缺石工程量及分析报告三部分。断面图是按一定比例绘制的坝垛临水侧轮廓线图,一般由坝顶、护坡、根石、河床四部分组成。坝顶不一定全部绘出,可绘2~3m宽,护坡可按实测或原竣工资料绘制,根石坡度及深度按实际探测资料绘制。断面图必须标注工程名称、坝垛编号、断面位置及编号、坝顶高程、根石顶高程、河床床面高程、探测日期及当地流量和水位、探测方法等。由于根石探摸的目的是了解根石情况,因此除根据探摸资料准确绘制根石坡度形状外,还应用通线法绘出探测的根石平均坡度及设计稳定坡度,必要时应将上一次探测结果套绘于同一断面上,以便对比分析。

3.5.3　根石探摸的时间

(1)汛前探摸。在每年4月底前进行探摸。对于上年汛后探摸以来河势发生变化后靠主溜的坝垛进行探摸,探摸坝垛数量不少于靠主溜坝垛的50%。

(2)汛期探摸。主要是对汛期靠溜时间较长或有出险迹象的坝及时进行探摸,并适时采取抢险加固措施。

(3)汛后探摸。一般在每年10—11月进行,探摸的坝垛数量不少于当年靠河坝垛数量的50%。

(4)抢险时的根石探摸。若发生猛蛰入水险情,应探明入水深度、滑塌边脚的位置,以估算工程量及预计险情发展趋势,一般抢险中探测抛石、抛笼坡度,指导抛投位置,同时注意探测河底土质,发现有淤泥滑底时,应及时改进抢护方法。在抢险后应进行一次全坝探摸,了解抢险后根石状况,研究是否还需要在下次洪水期间加固。

3.5.4　根石探摸的方法

根石探摸方法很多,主要有人工探摸和专用仪器探摸两类。仪器探摸比人工探摸具有准确率高、速度快等优越性,但现在并未广泛采用,究其原因,仪器探摸有很多局限性,如仪器的布局、抢险时机、仪器的造价高昂、所需仪器的数量等局限性,现在人工探摸的方法在防汛工作中最为常用。

3.5.4.1 人工探摸

1. 人工探摸分类

人工探摸是采用探测根石表面某点深度的方法，用皮尺测量平距，然后据此绘出根石断面图。人工探摸按使用机械工具不同，有探摸杆、探摸船、锥探、绳探等方法。

（1）锥探：锥杆由直径为 16～19mm 优质圆钢制成，下端加工成锥形或用丝扣连接一锥头，以便在锥探时能穿过抛投物上的沉积土层。具体操作步骤是在设置断面坝坡外口或根石台外口用皮尺每隔 1～2m 测一根石表层深度。如锥头锥入河床泥土内一定深度后仍遇不到石块，应继续测 2～3 个点；若仍遇不到石块，则表明已超出根石裹护范围，即以最后遇石一点的深度作为根石深度。在测量根石断面时，若坝前无水，锥探可在滩地上进行，锥用支架固定支撑；如坝前有水，锥在船上支撑，若水深超过 10m 或坝前流速很大，可改用绳拴重物加测。

（2）探摸杆探摸。探摸杆一般为 5～6m 长的木杆，有经验的探摸人员手持探摸杆，在岸上进行，一般一人探摸，另一人记录，系好安全设施，注意人身安全。

（3）探摸杆与探摸船结合探摸。主要是利用组合船体作为根石探摸的工作平台进行作业，利用船的开行，进行根石探测能迅速到达指定位置。组合式多功能抢险船组合体分体后可用于根石探测，船体稳定，操作简单易行、安全，探测数据准确。

抢险船由两部分组合而成，船只装有两台 15hp（Ps，1Ps≈735.5W）发动机，用于行走、照明的动力，装有四个收缩式轮，在陆地上可以拖着行走，每条船上设有生活舱。组合式多功能抢险船共分船体、动力、行走、辅助设备 4 部分。

1）船体由两条船组成，每条船上都有动力、照明、行走装置。

2）动力由两台 15Ps 发动机提供。

3）行走由发动机带动螺旋桨驱动。

4）辅助设备包括栏杆照明、拆卸式顶篷、陆地行走轮、缆绳桩、绞关、电动根石探测机、捆抛枕架等。

2. 人工探摸存在的问题

人工探摸根石简单易行，但是该方法也存在以下几个方面的问题。

（1）探摸的外边界问题。通常在探摸时，险工从根石台、控导工程从沿子石开始向外探摸，这个可以称为内边界；向外探摸至无石为止，可以称为外边界。探摸时，随着平距的增大，根石深度越来越深，人工锥探的难度也增大，当深度达到 15m 以上时，再遇到特殊地质（如淤泥、硬土层等），就无法继续探摸。再者，当平距很大时，就算能探摸到根石，也不好判断是该坝的根石是否为上游走失的根石。因此，进行根石探摸时首先应确定一个合适的外边界，这样不仅可以提高工作效率、降低劳动强度，而且能够提高探摸质量、缩短探测时间、节约投资。

（2）探摸精度较低。

1）水流湍急的部位，人工锥探无法进行。常用的探锥会被水流冲弯，其着石部位难以保证是否是真正的探摸部位，且探摸深度也会因锥杆的弯曲而使丈量的读数变大，精度不能达到标准要求。若特制一些较粗的锥杆，由于水流速度较快，探摸时操作不方便。

2）探摸断面受坝前水深的影响。按规定，每 20～30m 确定一个探摸断面，上跨角、圆头、下跨角必测。然而在实际工作中，大部分迎水面及下跨角部位为淤泥或水很浅，既无法靠船又无法站人，造成探摸断面的不完整，影响探摸质量。

3）探摸船只难以按要求部位准确固定。按规定，垂直坝轴线向外每 2m 将确定一个探摸点，然而在实际工作中，由于水流作用，船只很难按要求固定，特别是主溜顶冲时，或近或远、或前或后的情况时有发生，所探点不一定在同一线上，影响探摸精度。

3.5.4.2　仪器探摸

仪器探摸主要有声呐扫描探测、机械激光探测、水下机器人以及 Edge Tech3100P 便携式浅地层剖面仪。由于根石探摸是在高速水流下进行检测，所以 Edge Tech3100P 便携式浅地层剖面仪经黄河水利委员会试用效果比较好。

1. 测量步骤

（1）在测区内选择合适的 GPS 基点架设 GNSS 基准站，测区内所有探测断面均在 GNSS 基准站电台通信覆盖范围内。

（2）在堤坝上用 GNSS 定位仪测量断面位置后，在岸上固定好断面，在坝顶断面桩处竖立两根测量花杆控制测量方向。

（3）将 GNSS 移动站与船上 Edge Tech3100P 浅地层剖面仪相连，打开 Discover 操作软件，并完成正确的设置。

（4）设备进入探测状态后，由岸上的人指挥测船沿坝顶测量花杆指示的方向控制拖鱼运动，同时船上仪器操作员记录测量数据。水下部分沿探测断面水平方向每 2m 至少探测一个点，遇到根石深度突变时，应增加测点。当探测不到根石时，至少应再向外 2m、向内 1m 各测一点。

（5）根据探测数据整理成探测断面。内容有坝顶高程、根石高程、水面高程、测点根石深度等。

2. 根石探摸注意事项

（1）为规范根石探摸工作，全面、细致地掌握河道整治工程根石分布状况，争取防洪抢险主动，根石探摸要严格执行根石探摸管理办法，并不断总结经验，根据绘制的根石断面比较图，分析根石坡度的变化及根石的运动情况，研究维持根石坡度的措施，发现问题及时向上级主管部门反馈。

（2）根石探摸工作一定要做好安全防护工作，确保探摸人员的人身安全。

3.5.5　根石探摸报告

根石探摸工作结束后，及时对探摸资料进行数据录入和整理分析，并绘制有关图表，编写根石探摸报告，其内容包括以下几个方面。

1. 对所探摸根石断面的分析

根据绘制的有关图表对根石断面进行分析，根石断面分析是对实测现状根石坡度与设计稳定根石坡度进行对比分析，确定是否需要加固。

2. 计算缺石量

坝垛缺石量是指根石平均坡度小于设计稳定坡度时所缺石料数量。计算方法是将根石断面坡度与设计稳定坡度之间所围成的面积乘以该面积所代表的长度，即得一个断面的缺石量。将一个坝垛各断面的缺石量相加即得该坝垛的总缺石量。依次类推，可求出一处工程所有坝垛总缺石量（图3.1）。

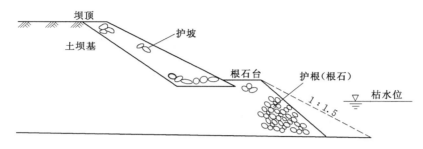

图3.1　根石断面示意图

$$M = LS \tag{3.1}$$

式中：M 为所缺根石量；L 为缺石量代表的长度；S 为缺石处断面面积。

计算时要注意的是，坝头的断面代表长度应取断面重心处的长度，而不能在坝顶上取裹护体长度。抢险时在出险范围内可根据出险长度临时增设探摸断面，并据此计算抢险抛投物工程量，以求准确。在确定采取工程措施进行加固时，主要依据断面坡度，其次考虑根石深度及水流状况等。所计算的缺石量实际是所缺的体积，即抛投物工程量。

3. 拟采取的抢险或加固措施

根据探摸结果，报告中写明该坝拟采取的抢险方法或加固措施。

最后，把堤坝所缺的根石量汇总，计算出该工程所缺根石量以及加固措施，上报上级主管部门。

第6节　险　情　监　测

河道工程坝垛出现险情要早抢护，这样抢险容易成功，确保工程安全；抢晚了，险情发展了，不仅耗费大量人力、物力，而且会使险情变得复杂，抢险难度加大，甚至导致抢险失败，工程被冲垮，要达到险情"抢早抢小"，必须做好险情监测工作，及早发现险情，把险情消灭在萌芽状态，因此险情监测在抢险工作中占有重要地位。

不同的江河流域，由于地理位置及其他条件不同，传统与现代先进的险情监测方法也不相同。

3.6.1　概述

河道工程抢险险情监测在时间上包括日常险情监测、汛期险情监测、特别险情监测；在险情抢险过程中包括险象监测、抢险期间险情监测及抢险工作完成后进行的监测；具体实施办法包括人工监测和仪器监测；在一处险工的险情监测应包括对一段坝、多段坝、整处工程等进行的监测。

3.6.2　险情监测目的

河道工程抢险险情监测由传统险情监测方法向现代先进的险情监测方法的转变提升，是河道工程抢险的必然要求，逐步实现防洪工程工情、险情信息自动采集、图像实时传输、险情及时发现、数据正确分析和资料迅速上报，为防洪调度指挥提供及时、准确的科学决策依据，提高防洪工程科学化管理水平，真正做到防洪抢险工作有的放矢和"抢早、抢小"，不打无准备之仗，不打无把握之仗，变被动抢险为主动抢险，从而最大限度地降低工程出险概率和破坏程度，以确保河流防洪安全。

3.6.3　险情监测种类与规定

1. 险情监测的种类

对于河道工程抢险险情监测，从河道工程抢险施工完成后，都应自始至终地进行险情监测。

河道工程的抢险险情监测一般分为日常险情监测、汛期险情监测和特别险情监测三类。

（1）日常险情监测。根据河道工程的具体情况和特点，制定切实可行的险情监测制度，具体规定险情监测的时间、部位、内容和要求，并确定日常的险情监测路线和险情监测顺序，由有经验的技术人员负责执行。

（2）汛期险情监测。在每年的汛前汛后、洪峰期前，按规定的检查项目，由河道主管单位负责人组织领导，对河道工程进行比较全面或专门的险情监测。

（3）特别险情监测。当河道工程遇到严重影响安全运用的情况（如发生暴雨、大洪水、有感地震、强热带风暴，以及水位骤升骤降或持续高水位等）、有蚁害地区的白蚁活动显著期、发生比较严重的破坏现象或出现其他危险迹象时，由河道主管单位负责组织特别检查，必要时应组织专人对可能出现险情的部位进行连续监视。

2. 险情监测规定

（1）布设的监测基点应设在稳定区域内，测点应与坝体或岸坡牢固结合。基点及测点应有可靠的保护装置。

（2）险情监测用的平面坐标及水准高程，应与设计、施工和运行诸阶段的坐标系统相一致。

（3）险情监测设施及其安装应符合技术要求。

3.6.4　险情监测项目和内容

（1）坝顶。有无裂缝、异常变形等情况。

（2）迎水坡。护面或护坡是否损坏，有无裂缝、剥落、滑动、隆起、塌坑、冲刷等现象，近坝水面有无变浑或漩涡等异常现象。

（3）背水坡。有无裂缝、剥落、漏洞、隆起、塌坑、雨淋沟、散浸、冒水等现象，排水沟是否通畅，草皮护坡植被是否完好，有无兽洞、蚁穴等隐患。

（4）联坝。有无裂缝、滑动、崩塌、溶蚀、隆起、塌坑、异常渗水和蚁穴、兽洞等。

3.6.5 险情监测方法和要求

1. 险情监测方法

（1）常规方法。用眼看、耳听、手摸、鼻嗅、脚踩等直观方法，或辅以锤、钎、钢卷尺、放大镜等简单工具对工程表面和异常现象进行检查。

（2）特殊方法。采用开挖探坑（或槽）、探井、钻孔取样或孔内电视、向孔内注水试验、投放化学试剂、潜水员探摸或水下电视、监控、水下摄影或录像等方法，对水下坝基进行检查。

2. 险情监测工作要求

（1）日常险情监测人员应相对稳定，监测时应带好必要的辅助工具和记录笔、记录簿。

（2）汛期险情监测和特别险情监测时，均须制订详细的监测计划并做好以下准备工作：①采取安全防范措施，确保工程、设备及人身安全；②准备好工具、设备、车辆或船只，以及量测、记录、绘草图、照相、录像等器具。

（3）各项监测应使用标准的记录表格，统一格式，认真记录、填写，严禁涂改、损坏和遗失。监测数据应随时整理和计算，如有异常应立即复测。当影响工程安全时，应及时分析原因和采取对策，并上报主管部门。

（4）在采用自动化监测系统时，必须进行技术经济论证。仪器、设备要稳定可靠。监测数据要连续、准确、完整。系统功能应包括数据采集、数据传输、数据处理和分析等。

3.6.6 抢险险情监测

1. 险象监测

河道工程出险前的监测即险象监测，险象是河道工程坝垛可能发生出险的征兆，一般有根石局部蛰动，坦石裂缝、蛰陷，坝顶裂缝等现象。

（1）如果根石在水面以上部分蛰动，反映水下根石已经有走失现象，如继续大量走失，可导致上部根石和坦石坍塌出险。这时要详细记录开始蛰动时间、尺度（平均长度、宽度、深度），为以后监测提供最基础的数据和依据。对多次监测数据进行比较，如坍塌速度加快，出险尺度增大，则应立即上报，河道主管部门组织人员进行抢护。

（2）如坝坡出现裂缝、蛰陷，可能是根石蛰动引起的，也可能是坝基土胎变形引起的。前者是较大险情的征兆，后者是一般险情的征兆，这时监测要选择多个固定点观测裂缝和护坡裂缝两侧高差的变化，对基础薄弱蛰动产生的裂缝，更要派专人连续监测。

（3）坝顶裂缝多发生在土坝基靠近临河侧，走向与坝轴线基本平行，略呈弧形向临河方向延伸，裂缝一般为 1 条，有时为 2~3 条，主缝缝宽、较长。新修工程如为搂厢进占修筑或柳石枕抛护，此时坝顶裂缝是软料变形引起的，可用填土处理裂缝，无须再监测，但对于基础薄弱产生的裂缝要作为重点监测，特别是主溜顶冲的坝岸更应该重视。同时，要进行根石探摸，根据探摸断面，如发现根基坡度过陡或有明显凹陷，应采取加固措施，防止重大险情出现。

2. 抢险时的险情监测

河道工程抢险时的监测，即一边抢险一边监测，重点监测以下内容。

（1）监测险情被控制的程度。监测险情被控制的程度，即检验所用的抢险方法是否正确、合理，由此确定或变更抢险方法。有经验的技术人员，为了人身安全，最好站在抢险船只上，随时探摸出险部位的水深、水下是否有漩涡、水下抢护进展尺度等，根据抢护进度情况，及时调整抢护方案。

（2）对河势溜向的监测。根据该坝险情部位和国家主要江河近几日水情预报，结合当地气象部门雨情预报，分析上游河道来水情况，预测河势溜向发展方向，及时调整抢护措施。

（3）对河底土质的监测。有经验的技术人员迅速探摸河底土质，根据河床土质，及时调整抢护方法。

（4）对所用人员、料物的观察。抢险指挥人员对参加抢险工作的队伍，要注意观察，充分发挥训练有素、作风顽强、技术精湛的专业抢险队的作用，及时调整到险情最严重的部位，这样尽量摆脱人力、料物不足的困境，即"好钢放在刀刃上"，达到使险情尽快得到遏制的目的。

总之，在抢险过程中要加强险情监测，对各种不可预估的原因不断分析，及时调整抢护方案，节约人力、财力资源，化险为夷。

3. 抢险后的险情监测

河道工程抢险工作完成后的险情监测工作非常重要，需要引起高度重视。其有人工监测、仪器监测两种方法。

（1）人工监测。河道主管部门一定要派责任心强、技术本领过硬的技术人员负责该项工作，并及时反馈抢险后的险情监测工作信息。

（2）仪器监测。河道工程抢险工作完成后的仪器监测，也要派经验丰富的技术人员负责对险情、险象等各种数据进行对比、分析，发现数据异常，应立即报告河道主管部门，采取应对措施，以确保河道安全、万无一失。

3.6.7　长江流域的险情监测

长江流域的险情监测主要根据堤坝和航道的变形对险情进行监测。

1. 长周期的静态险情监测

（1）水平位移监测。根据长期监测的结果，长江堤坝水平位移的静态变形值为 $\pm 50\text{mm}$，当采用静态 GPS 用坐标法进行水平位移监测时，变形值的变化速度为 $\pm 0.6\text{mm}$，监测的周期为 83d。如果采用 COAS 系统，还可以适当延长监测的周期。

（2）沉降监测。长江堤坝垂直位移的静态变形值为 $\pm 0.11\text{mm}$，监测的周期为 90d；采用二等水准即可满足监测要求。

2. 短周期的静态险情监测

（1）水平位移监测。长江在 6—9 月的汛期，常会出现一定周期的水位变化以及以 1d 为周期的潮汐变化的影响，因此造成了江岸、堤坝相应的短周期的规律性变形。根据统计规律和经验，监测周期为 5～30d，为了提高效率，可分别对安全江段和险工险情段给予重点关注和监测。

（2）沉降监测。长江江岸、堤坝相应的短周期的规律性沉降变形，也可以 5～30d 为一个周期进行监测，根据具体情况，可分别对安全江段和险工险情段分轻重缓急给予重点关注和监测。

3. 动态险情监测

（1）水平位移监测。在长江汛期，江岸、堤坝常会因一定方向的荷载或冲击，出现连续性的位移变形。对于这种特征的变形，应根据预计的沉降速度采用连续性的监测。根据变形量的大小和变形速率，随时调整检测的频率和精度标准。实践证明，当变形量较小时，精度不太高的水平位移监测效果不明显，可采用精密导线测量，对个别险工险情段给予重点关注和监测。

（2）沉降监测。当有动态的垂直方向位移变形时，根据预计的沉降速度采用连续性的监测。根据变形量的大小和变形速率，随时调整检测的频率和精度标准。可以几小时到几天为一个周期，对个别险工险情段给予重点关注和监测。

4. 主流航道的险情监测

主流航道的险情监测主要是对主流航道的位移监测，由于长江河底地质构造、泥沙淤积、水力学、河床动力学等复杂的原因，河底的深泓点以及相应的主流航道发生位移，潜伏着长江的不稳定流对江岸的冲刷而崩岸塌江的风险。这种变化要及时发现，一般采用抛石加固堤坝的方法预防灾害的发生。

5. 港口及沿江建筑物和构筑物的险情监测

长江流域沿江有众多的港口、码头、工业设施、建筑物和构筑物，对其进行险情监测是一项负责任的重要工作。

该项工作一般执行《工程测量规范》（GB 50026—2007）、《建筑变形测量规范》（JGJ 8—2016）。

第4章

河 道 工 程 险 情 抢 护

本章所述河道工程险情抢护主要指保护大堤的险工及保护河漫滩的控导工程，如丁坝、垛（矶头）、护岸工程等。这些工程大都位于迎流顶冲之处，所承受的水流冲击力、环流淘刷作用十分强烈，因而险情也较一般堤段更为严重。河道工程出险后，要立即查看出险情况，分析出险原因，有针对性地采取有效措施，及时进行抢护，以防止险情扩大，保证安全；否则，不但不能把险情抢护好，反而可能使险情加剧，甚至造成垮坝危险。

第1节　坝垛及护岸工程抢险

土石结构坝岸的河道工程常见险情有根石坍塌、护坡（坦石）坍塌、坝基坍塌（墩蛰险情）、坝垛滑动、坝岸倾倒、溃膛险情及坝裆坍塌等。常用的抢护方法有抛投块石、铅丝笼、土袋、柳石枕及柳石搂厢等。本节介绍的是单坝险情及抢护方法，对于一处工程多处出险，抢护方法类似单坝，但应统筹安排，确保重点。同时，要根据河势上提下挫的发展趋势，抢护或加固较轻险情的坝垛，防止出现大险。抢险工作完成后，要安排专人守护，加强观测，以确保安全。

土石结构的河道工程丁坝、垛、护岸简称坝垛，由土坝体、护坡（坦石）、根石（护根）三部分组成（图4.1）。

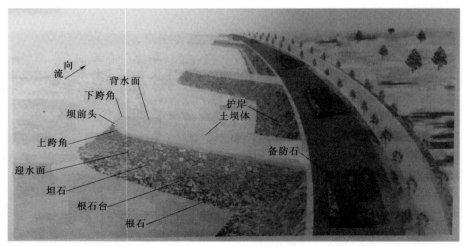

图 4.1　险工丁坝示意图

4.1.1 根石坍塌机理及抢护

4.1.1.1 险情概述

河道整治工程的丁坝、垛、护岸等，受水流集中冲刷，基础或坡脚淘空，造成根石的不断走失，会引起坝岸发生裂缝、沉陷或局部坍塌，坝身失稳。根石走失是目前河道工程出现险情的主要原因。减少根石走失，及时抛石护根，是保障河道工程安全的关键。

4.1.1.2 根石坍塌机理

一般情况下，对临河水深流急和有环流作用的坝段都设有根石。其主要作用是消能、防冲和有一定的柔性。消能就是把水流的动能减少，使水流的流速降低，当流速小于土体的不冲流速时，土坝坝基就能稳定；抗冲就是保护土基不受水流的直接冲刷。因为土体抗冲能力比较弱，在不保护的情况下，就会因抗冲能力不足而使土坝坝基破坏；柔性就是当基础受到淘刷后，根石易于变形，随之把冲刷坑充填覆盖。所以根石是保护坝垛稳定的基础。但当水流流速比较大，根石的个体重量小于允许拖曳力时，根石就会漂移或流失；在水流的作用下，把根石下部土体淘空，使根石下移、滑落，填充冲刷坑，当根石的厚度不够时，局部根石薄弱，也会导致根石坍塌。

4.1.1.3 原因分析

影响根石坍塌的因素较多，主要有以下几个方面。

1. 水流的因素

（1）在丁坝上下游主流与回流的交界面附近，因流速不连续或流速梯度急剧变化，产生一系列漩涡，回流周边流速较大，在丁坝上下跨角部位冲刷，形成冲刷坑。此部位根石易被湍急水流冲走，有的落于冲刷坑内，有的被急流挟带顺水而下，脱离坝根失去作用。

（2）弯道环流作用使得凹岸冲刷较重，凸岸淤积，水流因受离心力作用，对堤坝冲刷力加强，使根石走失。

（3）在长期的水流作用下，根石深浅不一，坝垛在根石薄弱处，易形成局部冲刷坑，深度一般较深。当出现"横河""斜河"时，冲刷坑的深度还会加大。

2. 施工的因素

（1）基础清理不彻底。旱地施工，在挖根石槽时，槽底清理不符合要求，就抛根石，泥土、石块混合，在水流的作用下，土被淘空，根石发生移动、走失。

（2）加抛根石不到位。在工程受大水顶冲发生险情时，居高临下在坝顶上投抛散石，会造成大量块石被急流卷走，一部分则堆积在根石上部。这样不但造成浪费，很难有效缓解险情，而且可能增加险情，造成进一步的坍塌。

（3）根石断面坡比不符合要求。散抛石大部分堆积在根石上部，形成坡度上缓下陡、头重脚轻的现象，这种情况对坝体稳定极为不利，很容易出现根石走失。

（4）根石外坡凹凸不平。外坡不平增大了水流冲刷的面积和糙率，加大了河底淘刷，影响根石稳定。

（5）使用的石料体积和质量不足，坝前的流速大于根石启动流速时，流速大、抗冲能力差，不能保持自身稳定，块石从根石坡面上会被一块一块地揭走，造成揭坡。石块被急流冲动走失。

3. 工程设计的因素

工程布局不合理，坝间距过大造成上游坝掩护不了下游坝形成回流，甚至出现主流钻裆、窝水兜流，加剧根石走失，冲刷坝尾出现大险。还有个别坝位突出，形成独坝抗大流，造成水流翻花，淘根刷底，坝前流速增大，水流冲击力超过根石启动流速，冲走块石，造成根石走失，出现大险。

4.1.1.4　险情判别

其主要是根据观察和探测。有巡护人员观察水上部分的根石有无变化，若变化较大，应立即采用水下探测，根据水下探测结果，分析根石缺失变化，再结合水情和天气预报，预判险情的发展，采取相应的措施。若根石缺失的变化速率明显加大，护坡出现裂缝，上游洪峰不日即到，应迅速采取相应措施。

4.1.1.5　险情抢护

抢护根石走失险情应本着"抢早、抢小、快速加固"的原则抢护，及时抛填物料抢修加固。常见的方法如下。

1. 抛块石护根

水深流急、险情发展较快时，应尽量加大抛石粒径。当块石粒径不能满足要求时，可抛投铅丝笼、大块石等，同时采用施工机械，加快、加大抛投量，遏制险情发展，争取抢险主动。

在实际抢险中，大块石的质量一般采用 $30\sim100$kg，在坝垛迎水面或水深流急处要用大块石。抛石可采用船抛和岸抛两种方式进行。先从险情最严重的部位抛起，依次由深到浅地抛投，并向两边展开。抛投时要随时探测，控制坡度（图 4.2、图 4.3）。

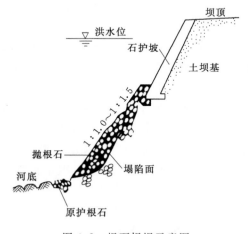

图 4.2　根石坍塌示意图

图 4.3　抛石固根示意图

2. 抛铅丝笼护根

当流势过急，抛块石不能制止根石走失时，采用铅丝笼装块石护根的办法较好。铅丝笼体积为 $1.0\sim2.5$m³，铅丝网片一般用 8 号或 10 号铅丝做框架，12 号铅丝编网，网眼一般为 $15\sim20$cm 见方。网片应事先编好，成批存放备用，抢险时在现场装石成笼。铅丝笼一般在距水面较近的坝垛顶或中水平台上抛投，也可用船抛投。

（1）操作方法。

1）在坝垛抛投处绑扎抛笼架。

2）在抛笼架上放三根垫桩，以便推笼时掀起。

3）把铅丝网片铺在垫桩上装石，小块石居中，大块石在外，或底部铺放一层薄柳，以免漏石，装石要满，笼内四周要紧密均匀。放石动作要轻，以免碰断铅丝。装满后封笼口，先笼身，后两端，每米长绑扎不少于4道。用绞棍将封口铅丝拧紧。

4）推笼。先推笼的上部，使铅丝笼重心外移，再用撬杠一齐掀垫桩，将笼推入水中。

（2）注意事项。

1）抛铅丝笼应先抛险情严重部位，并连续抛投到出水面为止。可以抛投笼堆，也可以普遍抛投。抛投时要不断探测抛投情况，一般抛投坡度为1:1～1:1.2。

2）抛石要到位，尽量采用船只定位抛投。

3）铅丝笼一般用于坝前头部位，迎水面、背水面裹护部位不宜抛投。由于装填铅丝笼及抛投需多道工序，加固速度较慢，一般仅用于土坝基未暴露，以加固性质为主的抢护。

4）抛石后，要及时探测，检查抛投质量，发现漏抛部位要及时补抛。

5）在枯水季节，对水上根石部分要全面进行整修，清理浮石，粗排整平。

6）在干地施工时，槽底应增加防护，使坦石与坝基隔离开，以土工网笼代替铅丝笼。

7）水中进占时采用护底进占，提高工程基础的抗冲能力，既可节省投资，又可减轻坝前冲刷，防止根石走失。

以上方法各有优缺点，如果单项使用不尽适宜时，可根据坝体受流轻重不同的部位混合使用。如坝下跨角后背水面回溜部位使用大块石护根，上跨角及坝前头迎水面抛笼墩，不仅阻止根石坍塌较远，还可减缓水流上回下冲的能力。以上方法，限于用在根石达到适当深度，基本不再下蛰的坝体上。新修的和根石基础较浅的丁坝不适用。

4.1.2 护坡坍塌机理及抢护

1. 险情概述

坍塌险情是坝垛最常见的一种较危险的险情。坝垛的根石被水流冲走，护坡出现坍塌险情。坍塌使护坡在一定长度范围内局部或全部失稳发生坍塌下落（图4.4）。严重的可造成漫溢和溃坝。

图4.4 坦石坍塌示意图

2. 护坡坍塌机理

护坡坍塌是水流与坝垛相互作用时产生的。当水流作用于坝垛时，水流沿坝垛表面扩散，扩散的水流由平行坝面向下游运行、沿坝面折向坝垛底脚与平行坝面向下游运行相反方向的水流三部分组成。扩散水流各部分的强度与来流方向密切相关，来流方向与坝垛轴线之间的夹角越小，平行坝面向下游运行的水流强度越大；相反，则沿坝面折向坝垛底脚、与平行坝面向下游运行相反方向的水流强度越大。坝垛前后复杂的水流导致输沙不平衡，河床遭受破坏，水流淘刷坝基形成冲刷坑，当坝垛基础与冲刷坑的深度不相适应时就会发生险情。

3. 原因分析

坝垛出现坍塌险情的原因是多方面的，它是坝前水流、河床组成、坝垛结构和平面型式等多种因素相互作用的结果。主要原因有以下几个。

（1）坝垛根石深度和宽度不足，水流淘刷形成坝前冲刷坑，根石滚动下移充填冲刷坑，由于宽度不够，局部薄弱，使坝体护坡发生裂缝和蛰动。

（2）坝垛遭受激流冲刷，水流速度过大，超过坝垛护坡石块的启动流速，将根石等料物冲揭剥离。

（3）护坡的结构形式选择不合理。在一些风大浪急和有环流作用的堤坝，采用干砌块石或散抛石等抗冲和整体性较差的护坡。由于抗冲能力和整体性不强，在水流和波浪的作用下水流透过坝身的护坡，把土体淘刷，造成护坡破坏。

4. 险情判别

护坡的坍塌主要是由于根石的坍塌引起的，所以可以根据根石的缺失和观察来判断。一般地说，根石缺失量不大，护坡上出现平行于堤坝轴线的裂缝，但发展比较慢，可以采取措施覆盖裂缝，防止雨水进入即可；若根石缺失量变化率较大，有平行于堤坝轴线的裂缝出现，且裂缝上下有错位，两端裂缝向内弯曲，需要立即采取措施。

5. 险情抢护

护坡坍塌险情的抢护要视险情的大小和发展快慢程度而定。一般护坡坍塌宜用抛石（大块石）、抛铅丝笼等方法进行抢护。当坝身土坝基外露时，可先采用柳石枕、土袋、土袋枕或土工膜抢护坍塌部位，防止水流直接淘刷土坝基，然后用铅丝笼或柳石枕加深加大基础，增强坝体稳定性。具体方法如下。

（1）抛块石或铅丝笼。先从险情最严重的部位抛起，依次由下层向上层抛，并向两边展开，同时控制坡度和抛石数量，抛投的方法可以采用船抛和岸抛，最好是两种方法结合使用。当抛石不能制止根石走失时，可采用铅丝笼装块石压护的方法，加大抛投速度，尽快控制险情（图 4.5）。

（2）抛土袋。当块石短缺或供给不足时，也可采用抛土袋等方法进行临时抢护。方法是将草袋、麻袋、土工编织袋内装入土料，每个土袋质量应大于 50kg，土袋装土的饱满度为 70%～80%，以充填沙土、沙壤土为好，装土后用铅丝或尼龙绳绑扎封口，土工编织袋应用手提式缝包机封口。土工编织袋最好使用透水的。用麻袋、草袋装土抢护时，抛投强度要大，避免袋内土粒被水稀释成泥流失。

抛土袋护根最好从船上抛投，或在岸上用滑板滑入水中，层层压叠。河水流速较大

图 4.5　坦石坍塌险情抢护示意图

时，可将几个土袋用绳索捆扎后投入水中，也可将多个土袋装入预先编织好的大型网兜内，用吊车吊放入水，或用船、滑板投放入水。抛投土袋所形成的边坡掌握在 1 ∶ 1.5～1 ∶ 2.0（图 4.6）。

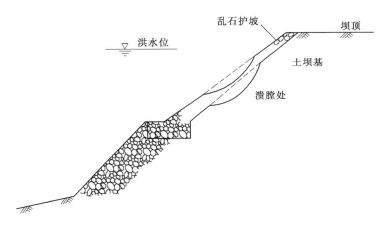

图 4.6　抛土袋抢护示意图

（3）抛柳（秸）石枕。当坝基为土胎，险情较严重时，水流会淘刷土坝基，若仅抛块石抢护，会因石块间隙透水，效果不好，而且抢护速度慢、耗资大，这时可采用抛柳（秸）石枕的方法抢护。枕长一般为 5～10m，直径为 0.8～1.0m，柳、石体积比为 2 ∶ 1，也可按流速大小或出险部位调整比例。

柳石枕的具体做法如下。

1）了解河势，探明水深和河床土质，目估流速和流势等情况，然后根据水下情况和工程选定捆枕位置，平整工作场地，在预捆枕的后面打好拉桩。确定抛护体积及所需各种料物的数量等。

2）整理坦坡，将坍塌的坦坡铲削平整，以使推枕顺利入水。

3）打顶桩。先打留绳桩，在推枕位置的两侧坝顶上各打留绳桩 5～7 根，以便控制抛枕位置。再打底勾绳桩控制位置，以防水深流急时枕头倒转或冲走过远。

4）铺设垫桩及捆枕绳。在推枕位置先铺设"一"字形垫桩，垫桩长 2.5m，间距为

67

0.5～0.7m。然后在垂直于"一"字形木桩上铺放垫桩,桩尖朝河,以便扣枕和汇绳。在各桩空隙间铺放捆绳,再把底勾绳按顶桩距铺放均匀,捆抛枕的位置设在距水面较近处,以便推枕入水。

5）铺放柳枝。直径为 0.5m 的枕,铺底柳枝宽约 1.0m,压实厚度为 20～25cm,分两层铺平放匀。第一层为外层,由上游端开始,根部向上游,一搭压一搭地均匀铺放;第二搭的根部要放在前一搭的 1/2 或 3/5 处,搭压长度在 1/2 以上,如此依次铺至下游端。第二层由下游端开始,根部向下游,依次铺向上游端。第二层铺好后,两端以根部朝外再加铺一搭,以加厚枕的两端,便于封口。

6）放石。排石排成中间宽、上下窄,直径约为 60cm 的近似圆柱体。排放石料要分层排垒,大块石大头朝外排压紧密,中间用小石填齐塞实。排石至两端处直径要稍细一点,并在枕的两端各空出 0.4～0.5m 不排石,以便盘扎枕头。排石至半高(约 30cm高)时,可在中部加铺较柔韧的柳枝一层,其压实厚度为 5～10cm,以加强石与石之间的弹性,以利捆扎结实。龙筋穿心绳放在石的中间,并在枕的中部用绳上拴十字短木或长形条石一块,以防穿心绳滑动。石料的顶部盖柳仍分两层铺放,铺放方法与底层铺法相同。

7）捆枕。捆枕时将枕下的捆枕绳依次捆紧打结,余头顺枕互相连接。必要时,可在枕的两侧各用绳索一条,将枕绳顺枕予以连系。捆枕时用绞棍或其他方法绞紧,保证柳石枕滚入水下不折断、不漏石(图 4.7)。

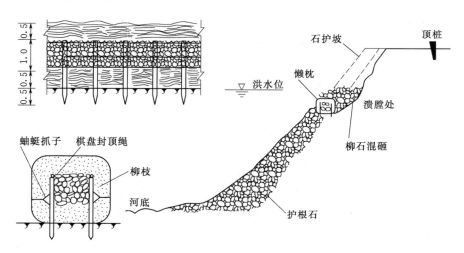

图 4.7　柳石枕构造、剖面示意图(单位：m)

8）推枕入水。推枕时可用机械推抛,也可用人工推抛。在推枕柳石枕之前,必须根据工程要求、水下情况和溜势缓急制订抛枕方案,并做好一切抛枕准备工作。推枕时人力配置均匀,每根垫桩 1～2 人,立于背河侧,由指挥人员喊号,同时掀起垫桩。先将枕两端的留绳用带龙头绳扣捆束枕的两头,按水深留放,上面系在顶桩上。同时把预先铺设的底勾绳捞起,使枕在底勾绳兜内滚抛,以掌握枕的下沉位置。第一个枕沉到底后,把底勾绳搂回拉紧活扣在靠坝坡的底勾绳,以防下沉枕滚动前爬。第二个枕捆好后,再解开底勾绳，使枕在底勾绳兜的控制下平衡滑落入水，和第一个枕重叠在一起。然后利用人机配合在枕外抛投铅丝笼墩和撒土恢复坝坦。

如果河床淘刷严重，应在枕前加抛第二层枕，随着枕的下沉再加抛，直至高出水面1.0m，然后在枕前加抛散石或铅丝笼固脚，枕上用散石抛至坝顶。

（4）聚乙烯薄膜护坡。对于一些风浪或水流冲刷不太严重的土质坝体，可采用聚乙烯薄膜护坡。具体方法如下。

在聚乙烯薄膜底边和两侧边上系土袋，用土袋与绳子构成平衡锤。将底边、两侧系有土袋的聚乙烯薄膜和平衡锤缓缓沿坡面滑下，一直滑到坡底。平衡锤的质量取决于坡面的平整性和水流的流速，要保证薄膜与坡面之间不存在很大空隙和不被水流冲走（图4.8）。必要时，可以在聚乙烯薄膜的上面再抛投袋装土，以提高护坡的抗冲能力。

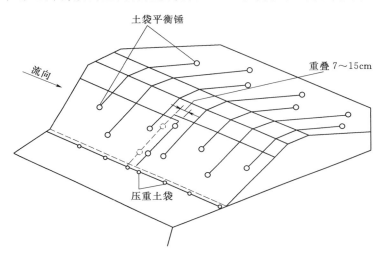

图4.8　聚乙烯薄膜护坡示意图

4.1.3　坝基坍塌（墩蛰）机理及抢护

1. 险情概述

坝垛护坡连同土基，突然蛰入水中称为墩蛰，这是坝垛坍塌险情中最严重的一种，如不及时抢护将发生断坝、垮坝等重大险情，直接威胁堤防安全（图4.9）。

图4.9　坝基坍塌（墩蛰）险情示意图

2. 坝基坍塌机理

丁坝、矶头等护岸工程是通过各守护据点将水流挑移出所保护的河岸，或降低流速，防止冲刷。其重点首先是守护据点必须上下呼应，彼此依托，满足洪、枯水期水流顶点的变化，能控导主流和稳定河势；其次，要有足够的守护长度和适当的守护点间距，能将主流从本据点平顺导向下游据点，防止因建筑物本身引起的回流，在空当段引起严重淘刷。在20世纪因河道治理和经济能力上所限，常采用间断性护岸防冲，效果往往难以预测，特别是当河岸土质疏松、水流湍急时，更难估计。丁坝、矶头等护岸工程一般设置在弯道凹岸或主溜顶冲部位，因临河水深流急和环流作用，容易造成基础的淘刷。当淘刷坑的深度逐渐增大，并逼近坝基时，坝基就因失去支撑而坍塌。

3. 原因分析

(1) 坝基的土质疏松，抗冲能力差。坝基土层互夹，层黏层沙，当沙土层被水流淘空后，上部黏土层承受不住坝体重量，使坝体随之开裂、下沉。

(2) 坝基深度浅，抗冲能力差。坝基的埋置深度浅，由于急流冲刷，冲刷坑深度超过坝基，水流透过坝基淘空坝身，坝体墩蛰。

(3) 丁坝与丁坝间距过大，形成回流，淘刷坝基，形成墩蛰。

(4) 坝基施工质量差。坝基施工时清理不彻底或高程不符合设计要求或沉排质量不符合要求，抗冲能力差等。

4. 险情判别

一般情况下，发生坝基坍塌时在外观上坝顶会出现纵向裂缝，发现裂缝后，应迅速检测坝基的冲刷情况，若坝基冲刷坑有变化或变化不大或发展缓慢，再结合水情和雨情，近期不会发生大的汛情或雨情，可把裂缝封闭处理；若坝基的冲刷坑深度接近或超过坝基，且变化速率比较快，尤其是砂性土坝基，一旦发现坝顶出现纵向裂缝应迅速采取抢护措施。

5. 险情抢护

坝岸坍塌（墩蛰）的抢护应以迅速加高、及时护根、保土抗冲为原则，先重点后一般进行抢护。常见抢护方法有以下几个。

(1) 抛袋装土。当坝垛发生坍塌（墩蛰）险情时，土胎外露，这时急需对出险部位进行加高防护，防止土坝基进一步冲刷险情扩大。对土坝基的加高防护可采用大量抛投土袋的方法，当土袋抛出水面后，再在前面抛投块石裹护并护根（图4.10）。

(2) 抛柳石枕。当坍塌（墩蛰）范围不大时，可采用抛柳石枕的方法进行抢护，柳石枕的制作和抛投方法同护坡坍塌险情的抢护，所不同的是，靠近坝垛的内层柳石枕必须紧贴土坝基，使其起到保护土体免受水流冲刷的作用（图4.11）。

(3) 机械化作埽。

1) 制作半成品埽体。首先，编制一体积与抢险运输车辆容积大小相当的铅丝笼网箱，再将该网箱放置于运输车内，用挖掘机等装卸设备将土袋、土块和石料的混合物装入网箱，网箱装满后封死。在网箱内装料的同时将一绳扣植入网箱中心，并从绳扣上向网箱的前后左右和上方引出5根留绳绳索至网箱外，半成品埽即告完成。

2) 制作大网箱围墙。首先，在将要进占河面的上下游及占体轴线方向上固定3艘船，上、下游两艘船的轴线与占体轴线平行，另一艘船的轴线与占体轴线垂直。然后，在船上

图4.10　抛土袋抢护坝基坍塌示意图

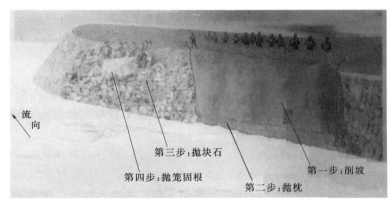

图4.11　抛柳石枕抢护坝基坍塌示意图

根据占体大小编织矩形网片，网片的一边用桩固定在进占起点的坝岸上，其他3条边分别固定在3艘船体上。

最后，将半成品垛体用机械投放到河面上的网片内。四周固定的网片因中心受压下沉，形成一个四周封闭的大网围墙，形状像饺子，故名"饺子垛"。

3）操作过程。在"饺子垛"和河面网箱围墙制作完成后，用自卸汽车将"饺子垛"沿占体边岸抛成两排，人工把"饺子垛"预留绳索前后、左右进行连接，"饺子垛"之间形成前后、左右相互连接的软沉排体，并将剩余绳索接长后拉向3艘船并固定。然后，用推土机推后排"饺子垛"，挤压前排垛体移动至河面网箱围墙后，后排垛变成前排垛。再在前排垛的后侧用自卸汽车将"饺子垛"再卸成一排，又组成两排新的垛体沉排。往复推抛作业至场体出水到一定高度，并将部分预留绳固定到占面上，再将上下游围墙的网边固定在新占体上，完成水中进占的一占。如此反复，完成机械化作垛的水中进占作业。

4.1.4　坝垛滑动机理及抢护

1. 险情概述

坝垛在自重和外力作用下失去稳定，护坡连同部分土胎从坝垛顶部沿弧形破裂面向河内滑动的险情，称为滑动险情（图4.12）。坝垛滑动分骤滑和缓滑两种。骤滑险情突发性强，易发生在水流集中冲刷处，抢护困难对防洪安全威胁大，这种险情看似与坍塌险情中的墩蛰相似，但其出险机理不同，抢护方法也不同，应注意区分。缓滑险情发展较慢，发现后应及时采取措施抢护。

图 4.12　坝垛滑动险情示意图

2. 坝垛滑动机理

坝岸滑动从稳定性上讲，当滑动体的滑动力大于抗滑力时，就会发生滑动险情。可能有以下几种状况。

（1）坝垛抗冲能力弱。在水流侵袭、冲刷的作用下，根石走失坝基掏空，导致土体失去平衡而坍塌。

（2）水位陡涨骤降，变幅大，坝体抗滑能力下降。在高水位时，坝体浸泡饱和，土体含水量增大，抗剪强度降低；当水位骤降时，高水位时渗入土内的水产生渗透水压力，力的方向与坡面一致，促使堤岸滑脱坍塌。

（3）坝顶荷载增加或发生振动荷载。一方面荷载增大，下滑力增大，而抗滑力没有相应增大甚至降低；另一方面振动荷载可能使沙性土发生液化，抗滑力明显下降。在这些状况下都可能发生滑动险情。

3. 原因分析

（1）坝垛基础埋置深度不足，在水流的作用下土体被淘空，坝体沉降。

（2）根石的坡度过陡，在高速水流的作用下，根石坍塌或走失，危及坝基。

（3）坝垛基础有软弱夹层，或存在腐朽材料，抗剪强度过低，坝体沉降。

（4）坝垛遇到高水位骤降，坝身抗滑能力下降。

（5）坝垛施工质量差，坝基承载力小，坝顶料物超载，遇到强烈振动的作用。

4. 险情判别

如果坝顶出现纵向裂缝，坝基淘刷不大，基本完整，可能发生缓滑；如果坝顶出现纵向裂缝，且坝基根石流失较多，尤其是沙性土质，坝身由于基石不能支撑上部的坝面，可能发生骤滑。所以，需立即采取措施。

5. 险情抢护

加固下部基础，增强阻滑力；减轻上部荷载，减少滑动力。对缓滑应以"减载、止滑"为原则，可采用抛石固根及减载等方法进行抢护；对骤滑应以土工布软排体等方法保护土坝基，防止水流进一步冲刷坝岸。

常见抢护方法如下。

（1）抛石固根。当坝垛发生裂缝，出现缓滑时，可迅速采用抛块石、铅丝笼加固坝基，以增强阻滑力。抛石最好用船只抛投或吊车抛放，保证将块石、铅丝笼抛到滑动体下部，压住滑动面底部滑逸点，避免将块石抛在护坡中上部，同时可避免在岸上抛石对坝身造成的震动。抛石或铅丝笼应边抛边探测，抛护坝面要均匀，并掌握坡度为 $1:1.3\sim1:1.5$。

（2）上部减载。移走坝顶重物，拆除坝垛上部的部分坝体，减轻载荷，减少滑动力。特别是坡度小于 $1:1$ 的浆砌石坝垛，必须拆除上部砌体（水面以上 $1/2$ 的部分），将拆除的石料用于加固基础，并将拆除坝体处的土坡削缓至 $1:1.5\sim2.0$。

（3）土工布软体排抢护。当坝垛发生骤滑，水流严重冲刷坝体土胎时，可以采用土工布软体排进行抢护，具体做法如下。

1）制作排体。用聚丙烯或聚乙烯编织布若干幅，按常见险情出险部位的大小缝制成排布，也可预先缝制成 $10m\times12m$ 的排布，排布下端再横向缝 $0.4m$ 左右的袋子（横袋），两边及中间缝宽 $0.4\sim0.6m$ 的竖袋，竖袋间距可根据流速及排体大小来定，一般为 $3\sim4m$。横、竖袋充填后起压载作用。在竖袋的两侧缝直径为 $1cm$ 的尼龙绳，将尼龙绳从横、竖袋交接处穿过编织布，并绕过横袋，留足长度作底钩绳用；再在排布上下两端分别缝制一根直径为 $1cm$ 和 $1.5cm$ 的尼龙绳。各绳缆均要留足长度，以便与坝垛顶桩连接（图 4.13）。排体制作好后，集中存放，抢险时运往工地。

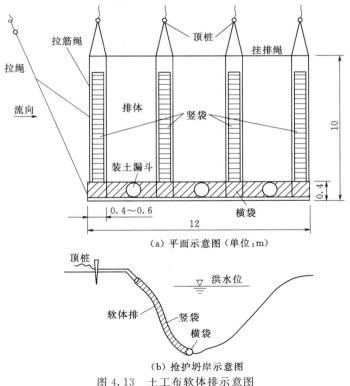

（a）平面示意图（单位：m）

（b）抢护坍岸示意图

图 4.13　土工布软体排示意图

2）下排。在坝垛出险部位的坝顶展开排体，将横袋内装满土或砂石料后封口，然后以横袋为轴卷起移至坝垛边，排体上游边应与未出险部位搭接。在排体上下游侧及底钩绳对应处的坝垛上打顶桩，将排体上端缆绳的两端分别拴在上下游顶桩上固定，同时将缝在竖袋两侧的底钩绳一端拴在桩上。然后将排推入水中，同时控制排体下端上下游侧缆绳，避免排体在水流冲刷下倾斜，使排体展开并均匀下沉。最后向竖袋内装土或砂石料，并依照横袋沉降情况适时放松缆绳和底钩绳，直到横袋将坝体土胎全部护住。

4.1.5　溃膛险情机理及抢护

1. 险情概述

坝垛溃膛也叫淘膛后溃（或串膛后溃），是坝胎土被水流冲刷，形成较大的沟槽，导致护坡陷落的险情（图 4.14）。具体地说，就是在洪水位变动部位，水流透过坝垛的保护层，将其后面的土料淘出，使护坡与土坝基之间形成横向深槽，导致过水，进一步淘刷土体，护坡坍陷；或坝垛顶土石结合部封堵不严，雨水集中下流，淘刷坝基，形成竖向沟槽直达底层，险情不断扩大，使保护层及垫层失去依托而坍塌，为纵向水流冲刷坝基提供了条件，严重时可造成整个坝垛溃决。

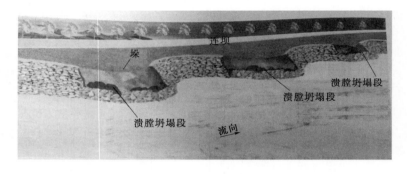

图 4.14　溃膛险情出险示意图

2. 溃膛机理

对于土坝，从构造上说一般由土质坝身和迎水面的护坡构成。护坡的作用是提高土坝的抗冲能力，坝身的宽度和内外坡的坡比要满足抗滑稳定和抗渗的要求，坝顶的高程是根据设计洪水位＋安全超高来确定的。护坡和坝身作为一个整体共同作用来实现挡水挑流的功能。当局部护坡的抗冲功能受到破坏时，必然影响坝身，水流透过护坡，在波峰时冲击坝身，波谷时负压把土体带出，土体带出导致护坡坍塌，循环往复，发展越来越快，直至形成横向深槽。

3. 原因分析

（1）乱石护坡。因护坡石间隙大，与土坝基（或滩岸）结合不严，再加上坝基、坝身土质为沙性土，抗冲能力差，除雨水易形成水沟浪窝外，当受风浪影响，水位变动处坝身土逐渐被淘蚀，乱石护坡塌陷，失去防护作用而导致险情发生。

（2）干砌块石或浆砌块石护坡。护坡水下部分有裂缝或护坡与坝身间有空洞，水流串入土石结合部，淘刷土体形成横向沟槽，成为过流通道，使面石坍塌，在外表反映为块石护坡变形下陷。

4. 险情判别

溃膛险情发生初期，根石、护坡未见大的异常，但护坡局部裂缝有土体流出，且发现护坡下坝身土出现小范围的冲蚀。此时只需把局部护坡扒开，用袋装土或先铺土工布，再回填袋装土即可；当护坡失去依托而坍塌时，不管面积大小，应迅速采取措施，防止险情进一步恶化。

5. 险情抢护

抢护坝垛溃膛险情的原则是"翻修补强"，即发现险情后拆除水上护坡，用抗冲材料补充被水冲蚀的土料，堵截串水来源，加修后膛，然后恢复护坡。

抢护方法常见的有以下几个。

（1）抛石抢护。抛石抢护适用于险情较轻的乱石坝，即护坡塌陷范围不大、深度较小且坝顶未发生变形的情况（图 4.15）。用块石直接抛于塌陷部位，并略高于原坝坡，一是削杀水势，增加石料厚度；二是防止上部护坡坍陷，险情扩大。

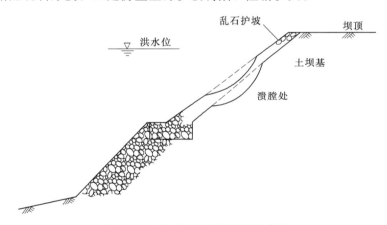

图 4.15 抛石抢护溃膛险情示意图

（2）土工编织袋抢护。若险情较重，护坡块石滑塌入水，土坝体裸露，可采用土工编织袋、麻袋、草袋等装土填塞深槽，阻断过流，以保护土坝基，防止险情扩大（做法同土袋抢护坝基坍塌险情（图 4.16）。即先将溃膛处挖开，然后用无纺土工布铺在开挖的溃膛底部及边坡上作为反滤层，用土工编织袋、草袋或麻袋装土，每个土袋充填 $70\% \sim 80\%$，用尼龙绳或细铅丝扎口，在开挖体内顺坡上垒，层层交错排列，宽度为 $1 \sim 2m$，坡度为 $1:1 \sim 1.5$，直至达到计划高度。在垒筑土袋时应将土袋与土坝体之间空隙用土填实，使坝与土袋紧密结合。袋外抛石复原坝坡。

（3）木笼枕抢护。如果险情严重，护坡坍塌入水，土坝体裸露，土体冲失量大，险情发展速度快，可采用就地捆枕，又叫木笼枕抢护（图 4.17）。其做法如下。

1）首先抓紧时间将溃膛以上未坍塌部分挖开至过水深槽，开挖边坡为 $1:0.5 \sim$

图 4.16 抢护溃膛险情示意图

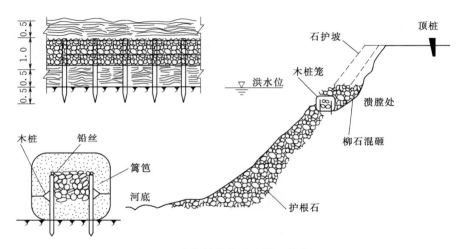

图 4.17 木笼枕抢护示意图（单位：m）

1∶1.0。

2）然后沿临水坝坡以上打木桩两排，排距 1～1.5m，桩距 0.8～1m。

3）在底部铺放土工布。两排桩的内侧把篱笆扣在木桩上。

4）在篱笆内填石。在篱笆内填石 1.0m 高，然后用铅丝扣在前后排的木桩上。

5）在桩上压石，或向蛰陷的槽子内混合抛压柳石，以制止险情发展。

6. 注意事项

1）抢护坝垛溃膛险情，首先要通过观察找出串水的部位进行截堵，消除冲刷。在截堵串水时，切忌单纯向沉陷沟槽内填土，以免仍被水流冲走，扩大险情，贻误抢险时机。

2）坝体蛰陷部分，要根据具体情况相机采用木笼枕或抛石等方法抢护。

3）溃膛抢护结束后，应在坝垛前抛石或抛石枕维护，以防坝体滑塌前爬。

4）水位降低后或汛后，应将抢险时充填的料物全部挖出，按照设计和施工要求进行修复。

4.1.6 坝岸倾倒机理及抢护

1. 险情概述

坝垛在自重和外力作用下失去整体稳定，使坝体护坡、护根连同部分土胎沿弧形断裂面向河槽滑动，滑动情况分为坐崩和倾倒两种。坐崩险情发展很快，大块岸坡突然崩塌，倾倒是由于临河坡面或堤坝面发生裂缝，坝岸上部失去稳定性而发生前倾的现象，尤其是风大浪急在坝的土石结合部或土的表面出现裂缝时易发生。

2. 坝岸倾倒机理

重力式堤坝当抵抗倾覆的力矩小于倾覆力矩时，坝体便失稳倾倒。而抵抗倾覆的力矩是单位长度的坝体质量与坝前趾到坝体质量的垂直距离的积，当坝基受到冲刷时，坝体质量影响不大，但垂直距离明显减小，抗倾覆力矩相应减小；倾覆力矩是单位长度的水压力与坝前趾到水压力合力的垂直距离的积，此时随着水位的升高，相应的水压力增大，倾覆力矩也相应增大。当坝基受到淘刷或洪水位持续涨高的情况下堤坝就可能发生倒塌；坝体的边坡偏陡，在持续高水位的作用下，抗滑能力下降，自身稳定性下降，引起坝岸倾倒。

3. 原因分析

(1) 坝岸根石被洪水冲走，地基淘空，抗倾覆力矩减小。

(2) 坝的土石结合部或土的表面出现裂缝，在水流的作用下发生淘刷，使坝体发生前倾或下蛰。

(3) 坝体坡度偏陡，在饱和水的作用下，抗滑稳定下降，导致部分坝体坍塌。

4. 险情判别

当坝体发生裂缝时，应迅速检测根石的流失程度，若根石流失不严重，应迅速封闭裂缝，同时观察裂缝开展，并根据水情、雨情，考虑是否采取抢护措施；当坝体发生裂缝，且发现根石的流失较快，两端横向裂缝向内发展，应迅速采取抢护措施。

5. 险情抢护

根据坝下基础破坏程度，应迅速采取相应措施，以防水流继续淘刷，避免险情扩大。常见抢护方法有以下几种。

(1) 抛石或抛石笼抢护。坝岸发生裂缝或未完全倾倒者，应迅速从险情严重处向两侧进行抛块石、石笼以加固坝基。抛石最好从船上向下抛，保证将块石和铅丝笼抛至滑动体下部，同时可避免在岸上抛石时对坝身造成震动。抛投时，要边抛边探测，抛护坝面要均匀，并掌握坡度为 $1:1.3 \sim 1:1.5$。当坝顶超载或坝岸基础受淘刷严重，有坍塌危险而又缺乏其他材料可抢护时，则可上拆下抛，即移走坝顶重物，拆除洪水位以上或已倾倒部分坝体，以减小滑动力。对坡度小于 $1:0.5$ 的浆砌石坝岸，必须拆除水面以上 $1/2$ 部分的砌体，将拆除的石料抛入水中，以加固基础，并将拆除坝体处的土坡削缓至不陡于 $1:1.0$。

(2) 木桩笼或抛柳石枕抢护。出现坝岸已倾倒、土体外露、水流又继续顶冲大堤的严重险情时，采用木桩笼或抛柳石枕抢护，以恢复坝体。

4.1.7　土坝裆坍塌机理及抢护

1. 险情概述

土坝裆坍塌险情是坝与坝之间的连坝坡被边流或回流淘刷坍塌后溃所形成的险情。坝裆滩岸坍塌后溃，使上、下丁坝土坝体非裹护部位坍塌，严重时连坝也发生坍塌。

2. 土坝裆坍塌机理

以防洪为目的的河道整治，为了稳定河势，要求中水要有稳定的流路，并要与洪水流路大体一致。为此在一些河流的弯道需设置一些丁坝，丁坝的作用是改变水流方向，挑流入河槽，达到坝后淤积，同时又不影响对岸的稳定。根据河道曲率半径的不同，丁坝长度、角度也不同，上游丁坝与下游丁坝的间距也不同，对于间断性护岸防冲效果常常难以预测，特别是对河岸土质疏松、水流湍急情况，容易发生破坏性回流及漩涡，造成连坝的冲刷和破坏。

3. 原因分析

（1）连坝堤土质较差，汛期高水位期间，受风浪冲刷，坡面产生下陷、崩塌。

（2）坝与坝之间堤防未防护或护坡抗冲能力不强。

（3）坝裆距过大。在坝与坝之间形成回流冲刷。

（4）坝的轴线与水流方向接近90°，产生较强的回流冲刷坝裆岸边，坍塌后溃严重，迫使坝的迎、背水面裹护延长，如抢护不及时，可能塌至堤根，危及堤防安全。

4. 险情判别

首先观察上、下游丁坝之间的滩地在汛期有没有明显后退，若没有明显坍滩且无漩涡，可不处理；若在护堤堤脚附近有明显漩涡，尤其是沙性土或黏土与沙土互夹的堤身，应立即采取抢护措施。

5. 险情抢护

坝裆坍塌险情抢护的原则是缓流落淤、阻止坍塌、迅速恢复。常采用以下抢护方法。

（1）抛枕法。可在坍塌部位抛柳石枕至出水面 1～2m、顶宽 2m，以保护坝体不被进一步淘刷（图 4.18）。

图 4.18　抛枕法抢护坝裆坍险情示意图

（2）防回溜垛法。如险情由下一道丁坝回溜引起，可在其迎水面后半段的适当位置，用抛石的方法修建回流垛，挑流外移，减轻回流对丁坝坝根、连坝的淘刷（图 4.19）。

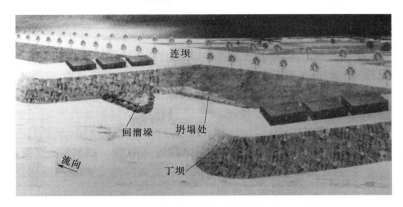

图 4.19　防回溜垛法抢护坝裆坍险情示意图

第2节　丛生险情的抢护

汛期高水位时，随着流量的增加，河水来流摆动幅度变化较大，当来流方向与所修建工程坝垛轴线交角变化较大时，因坝基失稳，该丁坝群中一道至几道较长的丁坝上，常常出现丛生险情，有时险情同时发生，有时接二连三地发生，且间隔时间不长，极易造成人料紧张、抢险被动的局面，这在河势突然发生大的变化或新修工程在 1～3 年内比较常见。

防汛抢险如同作战，必须对情况进行详细了解，才能战无不胜。抢险时必须弄清抢险的"三要素"：一要了解工程根基的埋置深度、河床土质的构成、工程裹护结构的强度；二要看河势流向顺逆、边滩或心滩的消长及抗冲导流的影响；三要掌握工程受冲作用的大小和时间长短，这样才能结合险情提出切实可行的抢护方案。

4.2.1　丛生险情抢险原则

对于可能发生这种情况的工程，应以预防为主。汛前准备充分的料物，组织好人员，在来水较大时，可在经常受水流冲刷部位预抛固根石，以争取主动；在汛期接到洪水预报后，应在涨水前或涨水过程中，再在关键部位加抛固根石，这样可使险情化大为小、化多为少。一般一处工程或一段坝岸的固根用料都有基本的数量，应该尽早满足；否则就易出现汛期一处工程多坝出险或一坝多险的局面。

在汛期洪水时，若有一处工程多处出险，应以保堤或联坝不被冲断为原则，集中强大抢险力量和大型抢险机械，利用石笼、石料着重抢护危及城防、联坝安全的重点坝垛，然后根据河势变化，抽出部分力量抢护次要的坝垛，最后依次全部修复平稳。这样既能保住重点坝垛，又克服了人力、料物不足等困难。

当一处工程多坝同时出险或一坝多处出险时，限于人员组织、现存料物数量、抢险场地等条件，应遵循"先控制、后恢复"的原则。先控制就是集中力量采取有力措施先将险情控制住，使险情不再发展扩大；后恢复就是洪水过后再对出险坝垛进行险情恢复，这样既可防止险情恶化，也摆脱了人力、料物不足的困境。

4.2.2　丛生险情抢险方法

1. 一般险情

险情发生后，由基层河务部门组织抢护，动用抢险队员，利用装载机配合自卸汽车调石、抛散石加固。如流速过大，可用抛铅丝笼固根后，上面抛散石加固。

2. 较大险情

（1）面对多坝同时出险的情况，应把整体能力强、业务素质高的抢险队安排在河道工程出险最上面的坝（岸）、主坝（岸）；应遵循"抢上不抢下、抢主掩护次"的原则。抢上不抢下就是上坝能够化险为夷，能够掩护下坝少出险或出险轻；抢主掩护次就是要集中力量抢护危及整体工程安全的坝垛，主坝只要能御流外移，下游次坝就不会发生大的险情。这样既可防止险情恶化，也摆脱了人力、料物不足的困境。

（2）如一条长丁坝的前头、迎水面、坝根等同时多处出险，应把整体能力强的抢险队安排在靠坝根最近的出险部位，即先保护坝根，然后从根部向前逐步抢护。应坚持"抢根不抢头"的原则，因为只有抢住坝根，抢头才有阵地。若人力、料物许可，可采取"抢点护面"的抢险措施，即在较长的坝体上抢修 3～4 个控制点，把整体能力强的抢险队安排在出险最严重的部位，使点与点之间互相掩护，以便遏制水流冲刷范围，改变水流形态。如果光抢前头置后部于不顾，后部一旦溃决，势必导致坝体腰决，前部就会被冲走，造成垮坝失事。

总之，在河道工程抢险时，老坝以固根为主，新坝以加深根基及护坦为主。不论河床属于何种土质，抢险出水是前提，及时护根是关键，一鼓作气是根本。切忌中途停顿，造成淘底悬空，功亏一篑。

第 5 章

建筑物工程险情发生机理及抢护

　　水工建筑物，由于设计、施工、使用管理和介质侵蚀和环境等因素影响，其性能发生变化、功能衰减，从而产生隐患。这些隐患在中小型水利工程中多有发生。

　　本章主要介绍地基渗透破坏、水闸失稳、翼墙错位、上下游连接段冲刷、底板破裂失稳、闸门止水失效、闸门破裂、启闭机螺杆断裂变形、钢丝绳断裂等隐患及处置方法。

第 1 节　闸站地基渗透破坏

5.1.1　闸站地基渗透破坏机理

　　水工建筑物的上、下游都有一定的水头，根据渗透原理，渗透水流的出溢坡降小于临界坡降，土粒是稳定的；反之，土粒是不稳定的，就会出现流土或管涌。江苏省的水工建筑物大都是建在土基上的，当实际的渗径长度大于临界的渗径长度（一定的水头）时，就会发生流土或管涌。土粒随着水流而被带出，导致建筑物基础下沉、开裂甚至破坏。一般情况下，黏性土地基只发生流土，不发生管涌；沙性土不但发生流土，当出溢坡降较大时还会发生管涌。所以，当建筑物的土基发生管涌时，轻则护坡、翼墙坍塌，重则整个建筑物破坏、倒塌。

5.1.2　渗透破坏原因

　　（1）施工单位在施工的过程中，防渗帷幕的施工质量存在缺陷。虽然经检测是合格的，但由于检测手段和检测频率等原因，实际上还存在一定的缺陷。

　　（2）设计单位在正向和侧向上设计的防渗长度偏短或采用的防渗措施不合理。

　　（3）建筑物的不均匀沉降，使止水撕裂或底板开裂，导致防渗长度缩短。

　　（4）地基回填处理不密实，缩短正向渗径长度。

　　（5）墙后土方回填不密实，缩短侧向渗径长度。

5.1.3　险情判别

　　一般地说，渗透破坏有一个发展过程，并不是即时破坏。开始时，在下游护底冒水孔出浑水，尤其是下游水位比较低时更明显，且有时冒浑水，有时不冒。主要原因是上、下游水位差有时大，有时小。水位差大时就冒浑水，水位差小时就不冒；经过一段时间后，渗径长度越来越小，一旦遇高潮位或上下游水位差较大时，对于沙性土地基就会在上游出现漩涡，下游护底出现强烈的浑水或浑水柱，如喷泉上涌。所以对渗透破坏监测非常重要。首先下游冒水孔一旦冒浑水就要重视，要分析是什么原因造成的，此时检查扬压力值是否有明显变化，若扬压力值有明显变化，就有可能发生渗透破坏，需要及时采取措施；对于老闸在建造时没有埋设扬压力传感器，需加强观测；同时要观测上下游翼墙、闸室墙的变形情况，如果翼墙墙后的回填土发生明显沉降，说明侧向渗径长度不足。对于侧向渗径长度不足的情况，除了要进行上述监测外，还需要立即采取措施，延长侧向渗径。

5.1.4　抢护措施

渗透破坏的抢护主要分为两类：一类是抢险措施；另一类是汛前或汛后的加固处理措施。这是主要介绍抢险措施。

1. 闸基正向发生流土或管涌抢护

采用提高下游水位或降低上游水位，使水位差变小，满足防渗要求。有以下几种方法。

（1）在下游筑围堰。如果土石料丰富，可以筑土石围堰。由于抢险时间紧、任务重，首先要考虑机械填筑。若是沙土资源丰富，可以考虑吹沙袋在水中筑围堰，然后采用彩条布或复合土工膜闭气；若土石料丰富，可以考虑汽车运输填筑围堰。首先围堰的顶宽要满足汽车运输的要求，围堰的顶高程只要能超过水面0.5m、边坡1:2～1:3即可，围堰填筑好后采用彩条布或复合土工膜闭气。

（2）在下游筑潜水坝。当河面宽度比较大时，作围堰的工程比较大，在短时间内难以完成；或者土石料不丰富的情况下采用。具体地讲，在下游抛石防冲槽外的河床上打两排桩（木桩或钢管），前后排桩之间用钢管或铁丝连接，在桩间的上下游两侧绑上篱笆，然后抛填袋装土或土石料，壅高下游水位（图5.1）。

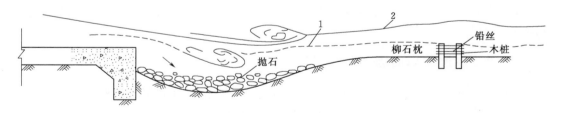

图 5.1　潜坝示意图
1—修建潜坝前水面线；2—修建潜坝后水面线

2. 闸基侧向发生流土或管涌抢护

抢护的步骤主要有两个：首先延长侧向渗径长度，阻断渗透通道；然后加固墙后回填土。

（1）延长侧向渗径长度的方法如下。

1）在侧向打刺墙。打刺墙的方案较多，常用的有：在闸墩岸墙后或上游一级翼墙墙后打钢板桩；也可以打高压旋喷防渗墙。

2）当下游翼墙墙后持续高水位，而墙前水位比较低时，可采用在下游翼墙墙底板下打高压旋喷。方法：先在混凝土底板上钻孔；然后再进行高压喷浆。这两种方法都要注意，增加的防渗墙一定要与原设计的防渗系统连接起来，才能起到延长渗径的作用。

（2）墙后回填土加固的常用方法有以下两个。

1）在沉降部位，采用打孔压水泥浆来充填渗透通道。

2）当险情基本解除时，可把墙后土重新挖出，然后再逐层回填。使之恢复使用功能。

5.1.5　案例

案例一　某市区一涵闸，单孔 4m 净宽，洞口尺寸高 4m，洞身长 44m，翼墙为"一"字形的浆砌块石重力式挡墙，在 2015 年 8 月汛期，在内外水位差为 4m 的情况下，下游护底和侧向护坡出现管涌，局部护坡坍塌，消力池下沉断裂，形势危急。在此情况下，采取两步走：首先要确保市区群众的安全，在下游侧迅速地利用城区的建筑垃圾作围堰，抬高下游水位，降低水位差，确保建筑物的安全。由于河口宽度比较小，采用 32t 的自卸汽车，奋战一天，筑好围堰；同时，通过泄洪调度，降低该涵闸的排涝任务。顺利地完成了抢险任务；然后在汛后采取加固措施。

该涵闸在加固设计的过程中，发现了以下几方面的问题：一是原涵闸的地基下是老河道，在以前的防汛抢险中，因河道冲刷严重，引起两侧边坡的坍塌，所以抛了很多的块石，而在新建涵闸时，对原河床抛石部分的处理不到位，导致建筑物的基础在正向和侧向形成了渗水通道；二是设计时的正向和侧向渗径长度偏短。

加固方案：首先对原抛石基础采用压水泥浆的灌浆处理；然后，采用高压喷浆打防渗帷幕，延长正向和侧向防渗长度。

加固完成后，经过两个汛期的检验，达到设计和使用要求。

案例二　某海边五孔节制闸，中孔净宽 12m，两侧 4 孔净宽为 10m，地质条件为粉砂，在 2015 年 9 月水闸管理人员发现下游在低潮位时（上游正常水位），护坦的冒水孔出水含砂，但未引起各方重视，直至 2015 年 12 月上游一级与二级翼墙的接缝墙前出现大漩涡、墙后回填土明显下沉、下游二级与三级翼墙接缝的护坡出现坍陷、下游消力池前的护坦涌水冒沙的险情。

原因分析：从征状来看是典型的管涌现象。具体地讲，主要有：虽然不在汛期，内外水头没有达到设计的最大水位差，但该闸不但有排涝的作用，在非汛期还有保水的作用，所以上游内河的水位还是不低的，另外外海（下游）的水位比较低，所以有一定的水位差，虽然建成已有几个月，而且还经过了一个汛期，从表面上看好像没有问题，事实上从事后处理的情况看，在这一阶段虽然没有发现管涌，但发生流土，再加上下游翼墙外正在施工，使得下游翼墙墙后持续的高水位和墙前持续的低水位，这样一个突发事件，导致下游翼墙的防渗长度不足，产生了水流从下游翼墙墙底穿过，通过护坦穿出，由于出溢坡降的增大，由流土变为管涌。

抢险措施主要有两个：一是在上游迅速截断渗流通道，即在上游一级翼墙的末端用钢板桩打一道刺墙，刺墙与原一级翼墙下的防渗墙的接头处，采用高压喷浆连接；二是在墙后压水泥浆，由于管涌的量较大，所以墙后压浆用水泥就逾 100t。经过 7d 的奋战抢险终于成功。事后进行了加固处理，达到设计和使用要求。

第 2 节　水 闸 失 稳

5.2.1　水闸失稳机理

水闸的抗滑稳定，根据《水闸设计规范》（SL 265—2016）的规定，土基的抗滑稳定系数为

$$K_c = \frac{f \sum G}{\sum H} \tag{5.1}$$

式中：K_c 为沿闸室基底面的抗滑安全系数；f 为闸室基底面与地基之间的摩擦系数；$\sum G$ 为作用在闸室上的全部竖向荷载（包括闸室基础底板上的扬压力在内）；$\sum H$ 为作用在闸室上全部水平向荷载。

从式（5.1）中可以看出，一般情况下，摩擦系数 f 可以认为是不变的，竖向荷载 $\sum G$ 降低或水平向荷载 $\sum H$ 增大，安全系数 K_c 就会降低。汛期由于上游水位偏高，水平水压力增大；同时扬压力增大，减小了闸室的竖向荷载；从而使抗滑安全系数 K_c 降低，当 $K_c < 1.0$ 时，闸室就会发生滑动。

5.2.2　原因分析

（1）勘探单位可能在摩擦系数 f 和地基承载力的试验取值上偏于激进，即偏大。设计单位在荷载的组合上或者取值上不合理；也有可能是水位组合不合理。

（2）施工的原因。如在底板施工前，扰动地基，导致底板与土基不能绝大部分紧密结合，使抗滑摩擦力达不到设计要求；也有可能换填土的质量不能满足设计要求，使摩擦系数 f 达不到设计要求。

（3）超历史的洪水高水位超过设计的高水位，使水平水压力增大。

（4）止水的破坏导致一部分土体从底板下被水流带走，形成局部孔洞，而使抗滑摩阻力下降。

5.2.3　险情判别

水闸的失稳主要从两个方面来判别。

（1）监测。一般地说，在闸室墙和上下游翼墙上都埋设有沉降和位移观测点，作为管理单位都会定期观测，尤其在汛期要加强观测。如果监测变形的数据一开始有变化，但不明显，需要连续观测，当变形的数据持续增大，尤其是沉降值明显增大或相邻块的不均匀沉降大于 5cm 时，有可能发生滑动，要采取措施。

（2）观察。主要观察上下游的伸缩缝，与前一段时间相比是不是变宽了，位移是不是有新的变化。尤其是上游的伸缩缝是不是变宽了，下游伸缩缝是不是变窄了，可以从伸缩缝填料有没有凸出来判断。若填料有变化，说明有滑动的迹象，需要采取措施。

5.2.4　抢护措施

水闸失稳的抢护原则是"减少滑动力、增大抗滑力、稳固工程基础"。

1.　闸顶加重增加阻滑

闸顶加重增加阻滑法适用于平面缓慢滑动险情的抢护。在水闸的闸墩、交通桥面等部位堆放块石、土袋或钢铁等重物。需要增加的重量，由稳定核算确定。

应注意，加重不得超过地基允许应力；否则会造成地基沉陷。具体部位的加重量不能超过该结构允许的承重能力；堆放重物应考虑留出必要的通道；不要在闸室内抛物增重，以免压坏闸底板或损坏闸门构件；险情解除后，应及时卸载，并进行加固处理。

2.　下游堆重阻滑

下游堆重阻滑法适用于对圆弧滑动和混合滑动两种缓滑险情的抢护。在水闸可能出现的滑动面下端，堆放沙袋、块石等重物，防止滑动。重物堆放位置及数量，由阻滑稳定计算确定（图5.2）。

（a）圆弧滑动　　　　　　　　　　（b）混合滑动

图5.2　下游堆重阻滑示意图

3.　下游蓄水平压

在水闸下游一定的范围内修筑围堰，抬高水位，减小上下游水头差，以减小水平推力。围堰高度应根据允许的水头差所需壅水高度而定。在靠近控制水位高程处设排水管（图5.3）。

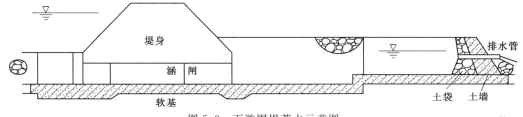

图5.3　下游围堤蓄水示意图

当水闸下渠道上建有节制闸且距离较近时，关闸壅高水位也可起到同样的作用，但必须加强对围堤和渠堤的防守。

第3节　翼　墙　错　位

5.3.1　翼墙错位机理

翼墙的稳定主要满足抗滑和抗倾覆要求。根据《水闸设计规范》（SL 265—2016）的规定，抗滑的安全系数与式（5.1）相同，抗倾覆的安全系数为

$$K_0 = \frac{\sum M_v}{\sum M_H} \tag{5.2}$$

式中：K_0 为翼墙抗倾覆稳定安全系数；$\sum M_v$ 为对翼墙前趾的抗倾覆力矩；$\sum M_H$ 为对翼墙前趾的倾覆力矩。

抗倾覆力矩是由翼墙的自重、翼墙底板上的土重以及墙前的水压力的合力与翼墙前趾之间的垂直距离的积；倾覆力矩是由墙后的土压力、水压力的合力与翼墙前趾之间的垂直距离的积。当墙后水位提高，墙后的水压力增大，倾覆力矩就相应增大，翼墙抗倾覆稳定安全系数 K_0 就相应减小；同样，当墙后水压力增大时，翼墙的抗滑稳定安全系数 K_0 也相应减小。翼墙就会发生滑动和倾斜。一般来讲，一节翼墙的长度为 10～20m，节与节之间有沉降缝，由于节与节的地基条件、承载力和底高程的不同，变形情况也会不同，这样就产生了错位。翼墙错位，易导致垂直止水和水平止水的破坏，止水破坏就会产生流土或管涌，最终导致建筑物破坏。

5.3.2　原因分析

（1）翼墙地基若是天然地基，则墙体抗倾、抗滑稳定不够。

（2）翼墙地基若是桩基，则桩基的抗水平力和承载力不够。

（3）相邻底板的地基承载力相差较大，而导致相邻底板的较大的不均匀沉降。

（4）同一块底板上地基不均匀。

（5）翼墙墙后填土不均、不实。

（6）翼墙墙后有振动荷载，由于振动使墙后土体产生液化等。

5.3.3　险情判别

其主要通过监测来判别，监测有两个方面。

1. 变形监测

一般地，在翼墙上都埋设有观测点，通过定期的垂直位移、水平位移的观测，并分析相关数据，可判断变形的发展趋势，垂直位移和水平位移持续增大，并可能导致止水撕裂，应迅速采取措施。

2. 观察

如果伸缩缝有错位，但不渗水，要注意观察，在适当的时机进行处理；如果伸缩缝错位较大，且有渗水，水流较大，可能止水已撕裂，需立即采取措施。

5.3.4　抢护措施

翼墙错位的原因很多，在查明原因后，再采取相应措施。常见的有以下几种情况。

（1）地基承载力不够或相邻块地基的不均匀沉降导致的错位。若在汛期首先观测，若变形比较缓慢或趋于稳定，可暂不处理；若变形向不好的方向发展，可采取临时措施，提高错位翼墙的墙前水位。如在错位翼墙的墙前筑围堰，围堰与翼墙之间保持较高的水位，提高抗倾力矩，来提高翼墙的稳定性。待汛后再处理。

（2）翼墙前倾而产生错位，可采取墙后减载的方法。一是可降低墙后填土高度或采用干密度比原设计回填土小的材料，来降低墙后土压力；二是增设排水孔，挖除一部分回填土，然后埋设地下排水暗管，来降低墙后地下水位。或者上述两方面结合起来，效果更好。

（3）对于土体渗透破坏引起的错位，可对墙后土体采用灌浆防渗处理，同时在墙体增设排水孔等方法进行处理。

（4）对于接触冲刷原因造成的错位，应首先对土体进行防冲防护，增加导渗措施，基础与翼墙接触部位产生冲刷破坏时，应对接触部位进行护砌。

（5）对于翼墙受车辆或其他动荷载原因造成的错位，应先限制翼墙附近的重荷载作用，再采用工程加固等措施进行处理。

5.3.5　案例

江苏某船闸，位于长江边约 1000m，地质条件为粉砂土，船闸规模 16m×180m×4m，其中下游一级导航墙为浆砌块石重力式挡墙，地基为土基，墙高约 10m，在施工过程中，导航墙底板经监测就有不均匀的沉降，拆坝放水后，经监测变形还在不断发展，垂直沉降为 3.5cm，水平位移达 4cm。原因主要有两个：一是墙后土压力和水压力偏大，抗倾稳定不满足要求；二是管井降水的含砂率太大，地基中细颗粒粉砂流失，导致地基不均匀沉降，且使粉砂地基的固结稳定的时间延长。

措施：一是降低墙后回填土的高程，同时墙后换填煤渣；二是墙后埋设排水暗管，降低墙后地下水位。

经处理，船闸已安全运行。

第4节　建筑物上下游连接段冲刷

5.4.1　冲刷机理

上下游连接段往往会发生以下险情：一是上游连接段河床刷深严重，导致两侧护坡、护坦破坏，危及上游翼墙安全；二是下游防冲槽、护底破坏，导致护坡、海漫甚至消力池下沉，直接威协建筑物安全。

第一种险情：根据《水闸设计规范》（SL 265—2016），河床冲刷深度计算公式为

$$d_{\mathrm{m}} = 1.1 \frac{q_{\mathrm{m}}}{v_0} - h_{\mathrm{m}} \tag{5.3}$$

式中：d_{m} 为河床冲刷深度，m；q_{m} 为单宽流量，m³/(s·m)；v_0 为河床土质允许不冲流速，m/s；h_{m} 为河床水深，m。

可知，河床的冲刷深度与单宽流量、河床土质的允许不冲流速以及河床水深有关，当单宽流量比较大，而允许不冲流速比较小时，如粉砂土质河床，就易发生冲刷；同样对于一些上下游的引河，虽然断面比较宽，流速不大，但河床水深比较小，也易发生冲刷。

第二种险情：主要是因为上下游水位差比较大，且尾水深度较浅，而消力池的消能不充分，产生水跃发生在海漫上，使护坡、海漫破坏，引成冲刷坑，在涡流的作用下，进一

步淘空消力池底板下土体，造成消力池断裂、下沉。

5.4.2　原因分析

（1）河道的过流流量与水闸的泄流流量不匹配。一些江边或海边的水闸，承担着挡潮、引水、保水和排涝的任务。当汛期来临，一方面承担挡潮，另一方面又有排涝的作用，因此在排涝时，建设单位希望尽快地降低内河水位，所以要求闸的泄流量大些，而事实上河道的泄流能力没有提高，引成了"小牛拉大车"的现象，导致河道中的水流流速超过土粒的启动流速，引起了河道的冲刷，且呈逐年增加的趋势，相应地引起护底、护坡坍塌。

（2）设计单位对尾水较浅的防冲消能考虑不充分。对一些海边或长江边闸，由于受潮汐影响，在排涝的过程中，会出现潮位比较低的时段，这时尾水比较浅，尤其是海口，原设想的利用排出的水来壅高下游水位，实际上，由于下游引河短，而且面对的是大海，对壅高下游水位的影响很小，同时因为排涝上游内河的水位却比较高，此时出现水跃发生在护底上，导致下游的海漫上出现大的深坑，引起了护底、护坡的坍塌等险情。

（3）工程管理部门操作不当。例如，没有按照设计要求的开度进行闸门的开启；在下游尾水较浅时，应适当减小开度、减小流量等。

5.4.3　险情判别

险情判别主要通过监测。监测有两个方面：一是河床断面监测，主要通过水下测量来判断河床的变化情况。如果河床的断面变化比较快，应迅速采取措施；二是观察，一般说来水下测量都是定期测量，不可能天天测量，所以观察很重要。如果发现护坡发生明显的坍塌，应及时测量；对于下游连接段，除了要观察护坡的变形外，还要注意观察在低水位时水跃发生的位置，如果已经发现护坡有变形，要进一步观察下游立轴漩涡的位置，如果立轴漩涡的位置向上游移动，需立即采取措施。

5.4.4　抢护措施

（1）对于河道冲刷引起上下游连接段破坏时，可在冲刷部位抛投石块或混凝土块、铅丝石笼、土袋等，防止继续冲刷。

1）抛块石。抛块石可采用从岸上抛投和从船上抛投两种方法进行。应先从险情最严重的部位抛起，然后依次向两边展开；在船上抛时，可依次由深到浅地抛投，要随抛石随测量，掌握水下抛石的坡度达到稳定坡度为止，一般为 $1:1 \sim 1:1.5$，然后修复沉陷或坍塌部位。

抛块石前应先做简单的试验，根据水流速度、水深、石块重量确定抛石的漂距，使抛石的位置正确。块石应选用大的，块石质量一般为 $30 \sim 75kg$，高处抛石时，应采用滑板，以保持石块平稳下落。

2）抛土袋。用土工编织袋、麻袋、草袋装砂或土，充填度达到 $70\% \sim 80\%$，每个土袋质量不少于 $50kg$，装土后用尼龙绳、细麻绳或铅丝绳绑扎封口。在岸上抛投土袋，最好用滑板，使土袋滑入水中抛投部位，层层叠压。如流速过大，可将几个土袋绑扎在一起，再抛投入水。如冲刷部位距岸较远，最好用船将土袋运到冲刷部位上抛投。抛投土袋

的坡度也要掌握在 $1:1 \sim 1:1.5$，以保持稳定。

3）抛石笼。如水深流急，淘刷严重，现有石料体积小，抛投后可能被水流冲走时，可采用抛投下沉快的铅丝笼、钢筋笼、竹笼等防冲体。笼的大小视需要和抛投手段（工具）而定。铅丝笼体积一般为 $1.0 \sim 2.5 m^3$，用预先编制的网片，现场装石扎结成笼。钢筋笼先用细钢筋焊成笼壁，大小主要视推投能力而定，但要焊牢，以防抛投时松焊。

（2）对于消能不足，引起的上下游连接段破坏，在汛期阶段，一方面通过适当的防汛调度，减少排涝流量；另一方面可临时修筑潜坝，提高下游水位，减小水头差，使护坡、海漫的坍塌停止。待到汛后再进行加固处理（图 5.1）。

5.4.5　案例

某沿海枢杻，由五孔节制闸和一座套闸组成，节制闸的中孔净宽 12m，其余 4 孔净宽 8m，套闸闸首净宽为 16m，闸室长为 160m，地质条件为粉砂。2003 年 5 月水下验收后，拆坝放水，此时汛期已到，开始排涝，第一次排涝就发现水跃跃出消力池，当时上游内河的水位很高，不得已又排两次。发现靠近防冲槽的下游护坡出现坍塌，随即停排。经水下测量，离消力池坎约 10m 处出现约 10m 的深坑，下游护底局部破坏，潜水员进入消力池底探摸，发现消力池底板下大部已被淘空，但未影响到闸底板下的防渗墙。

抢险措施采用两步走。第一步抢险，首先采用抛石充填冲刷坑，控制险情的进一步扩大，同时在下游筑潜坝，由于下游面河口较宽，采用打两排钢管，上部用钢管连接，钢管之间抛袋装土，提高尾水水深。第二步汛后处理，主要采取两方面措施：①把消力池下的空洞，通过消力池尾端的冒水孔，压浆充填密实；②排涝时限制运用。

第 5 节　底　板　破　裂

5.5.1　底板破裂机理

底板破裂从机理上讲主要是地基和底板的共同作用而引起的。按照基础设计规范的要求，地基的承载力应不小于平均基底应力，同时地基整体稳定和沉降应满足规范要求。如果地基发生不均匀沉降，使得底板的应力显著增加，底板产生开裂，同样地基的承载力小于平均基底应力，底板就会发生沉降变形，尤其是分离式地板。按规范规定，相邻块不均匀沉降超过 5cm，易致水平止水撕裂，渗径长度缩短，底板下水土流失，导致建筑物的破坏。此外，底板不同的结构形式，对地基的要求也不同。如反拱底板对地基沉降非常敏感，当闸墩出现沉降时，易导致底板开裂；再有底板的设计受到当时经济、政治的影响。如我国 20 世纪 50—60 年代设计的底板，由于受到当时的经济影响，混凝土的强度等级低、配筋少、钢筋的保护层小、水位组合的标准低等。在检修或高水位运用的情况下，由于受到反复的拉压应力，混凝土底板出现裂缝，裂缝不断发展，就导致底板破裂。

5.5.2　原因分析

其主要与设计和施工等因素有关。主要原因如下。

（1）地基勘探的地质资料不准确。导致地基承载力不能满足地基整体稳定和沉降要求。

（2）地基处理不合理。在同一块底板上，地基承载力不均匀，存在软硬不匀；在相邻块地基上不均匀沉降过大。

（3）底板的结构选型和荷载组合不合理。对于一些沉降较大的地基，底板不宜采用反拱底板处理，当结构的基础出现不均匀沉陷，就有可能产生裂缝，随着沉陷的发展，裂缝会进一步扩大。尤其是早期的反拱底板，当闸墩出现沉降时，易导致底板开裂；荷载的取值和组合没有结合当地的工况，导致底板的厚度和配筋都偏小。

（4）施工单位在地基处理的过程中，未按设计或规范要求施工。如地基换填土，可能换填不彻底，也可能换填的过程压实不均匀，密实度达不到要求。

（5）混凝土在硬化过程中由于内外的温度差比较大易引起温度裂缝，或由于施工过程中，底板混凝土暴露的面积比较大，养护不及时，表面由于失水而发生干缩裂缝。这种裂缝会随着时间的延长而不断发展，宽度有时会较大，甚至贯穿整个底板。

（6）由于钢筋的保护层厚度偏薄，在环境水和有害物质的作用下，钢筋锈蚀，钢筋体积膨胀，使混凝土开裂。

5.5.3　险情判别

对于底板裂缝主要通过水下量测和在检修期的无水测量以及墩墙的沉降观测来判断。一般来说，闸墩的边墩上都有沉降观测点，进行定期观测，了解墩墙的沉降状况；对于底板分缝设在闸孔中间的情况，通过潜水员水下量测和观察。一般情况下，当水从裂缝中渗出，就认为已贯穿，此时应采取相应措施；如果是底板分缝在闸孔中间，虽然出现错位，但未出现明显的渗、冒水情况，可暂不处理。

5.5.4　抢护措施

1.在汛期出现险情

在汛期出现闸底板破裂的险情，应及时采取应急措施，降低闸前水位或者抬高闸后水位，减小水头差，控制闸底板渗流，常用措施有外闭、内抬。待汛期过后处理。

2.汛后处理

可以采用干地处理和水下修补。水下修补有以下两种方法。

水下裂缝修补方法目前还不普遍，主要是相关的技术（包括检测）手段还不成熟，但有成功的范例。方法有两类：一类是实现人造无水，在修补处形成干地，然后按干地方法进行修复；另一类是直接在水下进行修复。

3.人造无水裂缝修补

常用的方法有围堰、沉箱等，下面简要介绍自浮式气压沉柜进行水下修补。

工作原理：自浮式气压沉柜主体部分在岸上完成组装，由吊车吊入闸室水域，施工人员连接好位于防汛工作船中的供气系统。利用空气压缩机连续提供的压缩空气将浮箱内的水体排出，形成足够大的浮力，用以克服沉柜主体自身重量，在水中实现自浮。岸上施工人员利用缆绳将沉柜拖曳至检修的位置，打开浮箱上的放气阀，放气下沉至指定位置。

当沉柜下沉至检修位置后，关闭所有放气阀，向浮箱内充气，利用压缩空气完全排开内部水体，实现人造无水的施工环境。施工人员进入沉柜，实施水下修补。

施工程序：凿除裂缝附近受损的混凝土，清洗完成后，用风机将缝内吹干，在岸上拌好的修补材料（如环氧砂浆），对修补部位进行灌注或注入，直至与两侧的混凝土面齐平。

4. 水下混凝土修补

水下混凝土修补是在不排水的情况下，采用潮湿型的微细裂缝灌缝胶和低压注射工艺对裂缝进行修补。工艺流程：材料准备→混凝土表面清理→裂缝封闭→水下裂缝灌注。

（1）材料准备。准备裂缝灌注所需原材料，包括潮湿型裂缝灌注胶和低压压浆机等。

（2）混凝土表面清理。若裂缝宽度较小，潜水员用钢丝刷清理裂缝内部残渣；若裂缝较大，潜水员可下到裂缝处，用风镐把裂缝部位凿成 U 形或 V 形槽，槽宽 3～5cm，槽深 6～8cm，并清洗干净。

（3）裂缝封闭。裂缝宽度较小则用胶黏剂密封，在裂缝两侧钻灌注孔，间距为 50cm 左右，并冲洗干净。

（4）水下裂缝灌注。若裂缝宽度较小，将 CH-4D 裂缝灌注胶按规定比例称取、混合均匀，用低压压浆机注胶，裂缝是水平方向的，若从左向右灌，左边的孔冒浆说明已灌满，再移一孔，向右继续；若裂缝是垂直方向的，则从下往上灌，当灌注孔下面的孔中冒浆说明已灌满，再往上移一孔。若裂缝较大则在槽中嵌填（赛柏斯）水泥基渗透结晶型防水胶泥，填至两侧与混凝土面平。

5.5.5 案例

1. 基本情况

育乐烷北岭闸位于湖南省南县中鱼口乡，建于 1960 年。孔径为 0.7m 的钢筋混凝圆管，底板高程为 29.1mm，管身长度 42m，导墙高程 32m，导墙长度 3m，前八字长 2.1m，第一节管身长度为 1.5m。闸门为钢筋混凝土结构。此处堤顶高程为 38.30m，面宽 8m，堤填土为淤泥质土，外河洲高程为 32m。该闸于 1984 年 3 月将闸门封闭后，前扩散段部分基本淤至河洲高程，内引水渠也淤塞。在 1996 年发生特大洪水时，该闸经受了最高水位 37.48m 的考验，没有发生险情。

1998 年 7 月 27 日 6 时 30 分，外河水位达到 37.50m，守闸队员检查发现，在其内引水渠与管道出口一字墙的结合部位突然鼓浑冒泡，在 5～6min 时段内，出现明显浑水，并很快形成高约 1.5m 的水柱，在不到 30min 内，水柱增高，达到近 2m，出水量约为 8 英寸水泵的水量。通过潜水员对进口水下探摸发现，该闸北面的淤塞土方出现裂缝，宽约 0.05m，导墙底板沉陷，水从管道外渗入，险情继续发展，有可能造成大堤溃决。

2. 出险原因

（1）工程质量因素。由于该闸兴建年代较早，当初在管身分节上处理不当，第一节伸缩缝离启闭机台部分仅 1.5m，其余均为 5m 一节，经多年运行后，沥青油杉板老化损坏，外侧填土在水压作用下沿伸缩缝冒出，在管壁外围形成空洞。

（2）汛情因素。7 月 27 日水位 37.50m，超 1954 年水位 1.06m，超 1996 年水位 0.02m。由于水位高，渗透压力超过了土壤承受水渗透压力极限，使土体随渗水沿管壁流动。

3. 抢险措施

抢险措施是"外闭、内抬"同时进行的方案。

（1）外闭。即在堤防的临河侧，对建筑物的进口外侧用棉絮铺贴，并以启闭机台柱为中心，向四周各延伸 15m，采用黏土封堵。

（2）内抬。即在建筑物出口 10m 的渠道上，修筑土坝，抬高内水位，减少渗透压力，并在出口处采用砂、石导滤，防止土体的过速流失。

4. 抢险过程

7 月 27 日 6 时 30 分发现险情后，迅速报告到乡指挥所，并向县防汛抗旱指挥部报告，乡防汛抗旱指挥部在极短的时间内组织 1600 名抢险队员到达现场，实施抢险。至 28 日 1 时，在闸管进口处已填土 1000m³，内围土坝 200m³，内抬水位 1.5m，砂、石导滤 30 多 t 的条件下，险情基本得到控制。为进一步防止险情恶化，乡防汛抗旱指挥部继续组织劳力 4500 人，历时 3 昼夜，外帮土方 4500m³，内修土坝 800m³，内抬水位 2.1m，即达 33.10m，内外水头差仅剩 4.40m，砂石导滤 75t。至此，险情解除。

第 6 节　闸 门 止 水 失 效

闸门止水（水封）因老化、变形、磨损、破裂等原因造成闸门四周密闭不严而漏水的现象，称为止水失效。止水失效不能发挥闸门的挡水功能，漏水严重时可能会造成闸门破坏。

5.6.1　止水失效机理

止水按安装的部位不同，可分为顶止水、侧止水、底止水和中缝止水四种。顶止水只有在潜孔闸门中安装，靠门自重来达到密封；侧止水的密封一般依靠水压力对闸门产生的挤压力，使闸门向下游位移，闸门带动侧止水条与侧轨密贴来实现；底止水主要靠门自重，压迫底止水条与底轨密贴来止水；中缝止水，一般在船闸的三角门、人字门使用较多，主要是利用水压力，使中缝止水条（板）相互挤压来实现。如果止水老化、磨损、变形，会造成闸门漏水，漏水会引起闸门的振动，严重时可导致闸门及预埋件的空蚀或磨蚀和破坏，影响建筑物安全。

5.6.2　原因分析

（1）止水材料。一般水闸中橡胶止水使用比较多。由于材料本身的特点，易老化和磨损，需要定期地维护和修理。如果开启比较频繁或使用时间比较长，就易发生漏水现象。

（2）设计单位设计的止水形式或预留的压缩量不合理。橡胶止水的形状一般分为圆头 P 形、方头 P 形、I 形和条形 4 种；通常情况下，橡胶止水的顶、侧止水的预压量为 3～5mm，底止水的闸门自重压缩量为 3～5mm。顶侧、底部止水连接的连续性用连接件来实现。如果侧止水的预压量太小，就会导致在开启的过程中，始终与侧轨摩擦，使止水寿命缩短，导致漏水；如果是双向止水，应采用双 P 形止水，而设计上采用方头 P 形，或型号选用不合理，导致漏水。

（3）施工质量。在施工的过程中，金属埋件的位置、平整度不满足规范要求；止水安装的过程中，螺栓孔采用烫孔或顶侧、底部止水的连接不好，都会导致漏水。

（4）闸门在运行的过程中，底槛上有块石等异物，闸门放不到底槛上或侧滚轮被异物卡住，使闸门上不来下不去，导致漏水。

5.6.3　险情判别

一般情况下，闸门止水漏水也是常见的，漏水量没有异常变化，可暂不处理。如果漏水量逐渐增大，在门后形成漩涡或以水柱射流，同时闸门振动加剧，有可能造成下游海漫破坏，建筑物失稳或闸门破坏失稳，应立即采取措施抢护。

5.6.4　抢护措施

1. 闸门堵漏

（1）闸门止水橡皮损坏，可在损坏的部位用棉絮等堵塞。

（2）因异物阻塞或闸门被异物卡住而出现闸门关闭不严而漏水。一般情况下，需潜水员下水将异物清理干净，再关闭闸门。

2. 调洪和作围堰封堵

在漏水严重有可能危及建筑物安全的情况下，采用在高水位侧筑围堰，降低闸门上下游的水位差，同时通过洪水调度，降低上游水位，减少围堰的高度和填筑难度。

5.6.5　案例

（1）险情概述。湖北省汉川市汉北河民乐排水闸建于 1970 年，位于汉北河右岸桩号 8＋248m 处，单孔净宽 23.6m，钢筋混凝土开敞式结构，闸门为桁架平板门，门重 50t，卷扬式启闭。外河设计最高水位 29.5m，内渠最高水位 24.5m，最大水位差 5.00m。设计排水流量 250m³/s。在某年 8 月 8 日 18 时，汉川市汉北河民乐排水闸闸外水位 29.89m，超设计最高水位 0.39m，内外水位差高达 5.71m，超设计水位 0.71m。18 时 20 分，闸门突然漏水，且漏水量逐渐加大并形成水柱射流，水雾弥漫，瞬时，闸门桁架支撑突然失稳，双悬臂式结构闸门左右两侧变形脱槽，闸门中间顶部整体扭曲变形，造成汉北洪水向内渠冲泄，估计当时流量为 120m³/s。

（2）险情分析。该闸多年未维修，致使钢结构的闸门腐蚀严重，止水失效，闸门在运行过程中，因漏水产生振动，使闸门焊缝部分开裂，再加上桁架因腐蚀承载力严重下降，在水位差超设计的作用下，闸门变形导致闸门左右两侧边柱变形脱槽，发生险情。

（3）抢护措施及效果。险情发生后，立即组织力量在闸外沉船，并将附近的汽车抛入水中进行封堵，截至 8 月 9 日凌晨止，已沉船 5 艘，抛入汽车 91 辆及块石、预制板等大量器材，但险情仍未得到控制，进水量仍急剧增大，两侧闸门断裂加宽，最终使两侧各宽 4.8m 的闸门孔口形成了全断面过流，该闸中部宽 14m 的周边射水量同步加大。12 时左右实测流量达 450m³/s，流速为 4m/s 左右，内外水头差仍在 5m 以上，效果不明显，外抛堵闸抢护暂停。

8月9日上午，确定了下一步抢险方案，主要内容如下：

1）根据前段抢护效果及险情发展态势，对民乐闸下一步抢险首先以确保闸身安全为主，为防止发生建筑物破坏，在出水口（内渠）建筑物底部边缘抛填钢筋石笼，削杀水能，防止掏空底部结构。至8月9日已抛石笼2000余个。

2）进一步研究和寻找上游最佳封堵方案，积极筹集封堵物料器材，当即决定紧急调运块石1万 m^3、集装箱100个、调集部队1000人。

3）动用钓汊湖备蓄区和调蓄区，进行调洪。

4）汉川泵站和分水泵站全力抢排。

5）加高加固东干渠和民乐干渠干堤，确保汉川城关和汉川电厂安全。

6）制定闸门全部冲走后的内湖洪水调度方案。

8日18时至11日8时，汉川泵站和分水泵站共排水3629万 m^3。

10日10时30分起，钓汊湖蓄洪区南闸进流128 m^3/s，10日12时起，北闸进流78 m^3/s。

8月10日，现场制订封堵方案，决定采用3000个钢筋铁丝网石笼进行抛堵，形成透水挡堤，再抛石形成坡面，然后依次抛填堵水材料止水。11日16时正式开始抛笼堵口，至12日16时（历时24h）共抛石笼1700 m^3，石笼高出水面平闸顶公路，进水流量减至135 m^3/s，闸外水位28.99m，闸内渠水位由封堵时的26.53m降至25.53m。8月14日挡堤封堵基本完成，累计抛石约3000 m^3，当日闸外水位28.78m，闸内水位25.67m，流量93.5 m^3/s，流速0.35m/s，并决定不再进行堵水抛堵。至此，封堵工作基本按预定方案完成。

第7节　闸　门　破　裂

闸门是用于关闭和开放泄（放）水通道的控制设施，是水工建筑物的重要组成部分，可用以拦截水流、控制水位、调节流量等。闸门一旦破裂，建筑物的功能将全部丧失。

5.7.1　闸门破裂机理

闸门一般由活动部分（也称门叶）、埋件部分两部分组成。门叶包括面板、主梁、次梁、行走支承、支臂、支绞、止水装置、吊耳等。埋件部分包括轨道、铰座、止水座、护角等。当闸门上下游有水位差时，水位差产生的水压力首先作用在闸门的面板上，然后面板把作用力传递给主梁，再由主梁传至边梁，边梁再通过支承结构将力传到门槽埋件上，门槽埋件把力传递到混凝土的墩墙上。次梁是用来加强面板强度和刚度的构件。合理地调整梁格尺寸，可以减小面板的厚度，同时可使上、下区格的面板受力均匀。从力的传递可以看出主要受力构件是主梁，承担着把水压力传递到边柱的作用，而边柱与轨道是密贴的，轨道是预埋在混凝土墩墙中的，也自然与墩墙共同受力。当主梁在水压力作用下强度、刚度不够时，就会发生变形、扭曲、断裂等现象，相应地次梁、面板也会发生，随之闸门就会发生破坏。吊耳是启闭机与闸门连接的部件，承担着闸门开启和关闭的全部重量。当遇到闸门槽有障碍物的卡阻、高水位作用下闸门的摩阻力增大、闸门的主、侧滚轮（滑块）锈蚀的情况下，起吊力增大，而由于闸门的振动、频繁的开关和环境水的腐蚀，使吊耳与闸门顶部的焊缝开裂、锈蚀，导致焊缝的强度降低，就可能出现闸门顶梁与吊耳破裂的情况。

5.7.2　原因分析

（1）闸门的刚度差。在 20 世纪 50—60 年代，由于我国的经济基础较差，大量使用钢筋混凝土闸门，甚至是木闸门，由于主梁与边柱的连接强度得不到保证，闸门的强度和刚度就大幅下降，一旦遇到洪水，易发生闸门的破坏。

（2）钢闸门的维护和保养不及时。由于年久失修，原有的防腐涂层早已剥落，面板主次梁的锈蚀，导致在高水位的作用下，面板击穿，主次梁扭曲变形。

（3）设计和施工质量不满足规范要求。设计单位可能对荷载的组合不合理，对主次梁的强度、刚度不满足规范要求；施工单位在闸门制作时原材料的质量不合格、焊缝质量不符合规范要求。例如，一、二类焊缝没有探伤检查或虽进行了探伤检查，但频率不满足设计或规范要求。

5.7.3　险情判别

一般来说，大部分闸门都有漏水现象，只要漏水量没有明显增大，可以暂不处理；如果漏水量明显增大，可能闸门已破裂，一般地说发展比较快，需要及时采取措施。在采取措施前要判别是闸门破裂还是吊耳与闸门面板撕裂。对于开敞式节制闸，闸门顶是露出水面的，一般情况下是闸门的问题；而对于潜孔闸门，闸门在水下，发生漏水有可能是吊耳与闸门面板撕裂漏水，也有可能是闸门破裂漏水。此时，可以安排潜水员下水探查确定。

5.7.4　抢护措施

1. 闸门顶部与吊耳破裂

一般情况下，可采用更换吊耳或在原吊耳处加筋的方法。目前的技术可以在水下进行切割和焊接。

2. 闸门面板破裂

在可能的情况下，可采用检修闸门进行替换原闸门；若没有检修闸门或检修闸门由于流速比较大下不去或封堵效果不好，可封堵闸门面板。

5.7.5　案例

1. 闸门顶部与吊耳破裂

2004 年 6 月 15 日，湖北省随县白果河水库（中型）发电孔检修闸门在开启过程中脱落无法打开，经潜水员下水探查发现闸门顶部被吊耳拉开 40cm×20cm 的缺口。商讨抢护方案为：卸掉原闸门吊耳，重新加工与闸门顶部同宽的“工”字钢吊耳，上部连接拉杆，两头各穿 4 个固定螺杆，螺杆连接到闸门第二格与第三格上的槽钢，底部以上用螺栓固定闸门。

2. 苏南运河谏壁节制闸闸门崩毁险情抢险

（1）情况概述：谏壁节制闸位于江苏省镇江市东郊谏壁镇，是扼守苏南大运河的北大门，集挡洪、排涝、灌溉、调节苏南运河航运水位等多种功能于一体的重要水工控制工程。它与邻近的谏壁船闸、谏壁抽水站共同组成一个与长江衔接的大型水利枢纽。该闸始建于 1958 年，1959 年汛前竣工投入使用。全闸计有 15 个闸孔，每孔净宽 3.8m，闸总净宽 57m。闸底板高程－0.4m（吴淞基面，下同），闸孔净高 10.6m。闸门为上下扉结构，下扉门－0.4～4.4m，上扉门 4.2～9.1m。工作桥面高程 12.5m，桥宽 4.0m。配备 15 台 8 滚珠丝杆启闭机，内河侧设公路桥，桥面高程 10.7m，桥宽 7.0m，荷载等级为汽－10、拖 60。1996 年 7 月 30 日凌晨 6 时，发现 8 号孔轻微漏水，7 月 31 日下扉门崩毁，江水以逾 120m³/s 的流量涌入苏南运河，形势十分危急。

（2）出险原因。谏壁节制闸原为木闸门，20 世纪 60、70 年代期间改为全钢丝网薄板叠梁式闸门，这种形式的闸门整体性很差，叠梁和端柱仅依赖直径为 6.5mm 螺栓连接，一旦闸门形成局部破坏，极易引发闸门的全面崩溃。经专家综合分析，8 号孔闸门崩溃始于闸底止水木被撕裂，随后越来越大的底孔出流使闸门产生剧烈的抖动，继而导致闸端柱槽钢与钢丝网薄壳叠梁摩擦损坏后相互分离。

经筑坝抽水后对闸门残骸的检测，下扉门铁端柱锈蚀严重，10mm 厚的端柱钢板平均锈蚀达 3mm，端柱与叠梁的连接螺柱锈蚀更为严重，普遍呈针状，少数断为两截。空心钢丝网薄板叠梁表面混凝土碳化严重，多处发生露筋情况，门底止水木严重腐烂。

（3）抢险措施及效果。谏壁闸抢险主要分为 3 个阶段。

1）第一阶段，8 号孔下扉门崩毁之前。从 7 月 30 日闸上值班人员发现 8 号闸门严重漏水至其彻底崩溃，先后实施了三套抢险方案。

a. 吊放检修闸门。该闸长江侧设有检修门槽，并备有一组检修钢闸门。7 月 30 日凌晨 6 时发现险情，8 时组织人力用电动葫芦吊放检修门，但因闸门严重漏水后水压力过大，4 扇检修门（每扇高 1m）吊入门槽后无法继续下移到底板。

b. 抛投铅丝笼。9 时左右开始实施第二方案，即用新棉胎卷裹黄砂，外套麻袋，再以铅丝扎成长 3.8m、直径为 60cm 的筒形笼子，于下午 13 时抛入 8 号闸孔，结果立即被湍急的水流卷走。

c. 抛投钢质框架。下午 14 时左右，抢险人员开始利用角铁、钢筋组焊长方体框架，20 时，长 3.7m、宽 0.5m、高 1.1m，内装水泥桁条和黄砂、棉絮的钢质框架被推入 8 号闸孔，但仍为激流吞没。

在对前三套方案失败原因进行认真分析的基础上，现场人员研究提出了第四套方案，即用槽钢和角铁焊成方格形栏栅放入检修门槽，再以大量麻袋灌土抛入钢栏栅前封堵。但此方案未及实施，8 号孔闸门已彻底崩毁。

2）第二阶段，7 月 31 日晚 8 号孔闸门被冲毁后，抢险形势非常紧张。有关人员紧急商讨新的抢险方案并付诸实施。

a. 7 月 31 日 22 时许，由经验丰富的起重工吊放钢栏栅。因此时闸门已破，闸孔内流速高达 5m/s 以上，钢栏栅在沉离底板 1m 多时再也不能下沉，致使麻袋封堵无法进行。

b. 沉船杀流。8月1日凌晨，抢险指挥部决定紧急征调4艘60t钢驳，在8号孔闸墩前沉船截流。8月1日上午8时30分，第一艘装满块石的钢驳通过定位、灌水后准确地在8号孔闸墩前下沉，过闸流量迅速减小至60m³/s，10时30分，第二艘船准确沉叠在第一艘之上，流量减小到48m³/s，至当日19时，第四艘船下沉到位，流量减至不足20m³/s。

c. 钢管锚固。通过沉船措施，过闸流量虽明显减小，但险情仍未解除。为填补钢栏栅与闸底板之间1m多的空间，工程技术人员提出钢管锚固的方案，即以6根直径为60mm的钢管分别插入闸底，上端锚焊在钢栏栅上。20时许，6根钢管锚固结束。

d. 麻袋封堵。钢管锚固后，检修门槽上形成了完整的钢栏栅。不断地将装满黏土的麻袋抛填在钢栏栅前。为防止麻袋被冲走，开始抛填时先抛填了10余个钢丝网兜，每个网兜内装麻袋15～20个，重达2t以上。至8月2日0时，共抛填麻袋1000余只，8号孔封堵取得成功。

3）第三阶段为巩固阶段。8月2日开始，抢险指挥部组织对其他闸孔进行检查，发现3号、7号、9号孔闸门漏水量呈增大趋势，为防患于未然，调运方木、槽钢各200余根，紧急制作预备门5组并吊入2号、3号、7号、9号、13号孔的检修门槽，形成了第二道防线。至8月4日，抢险最紧张的阶段告罄，工作转入水下检查阶段。

第8节　启闭机螺杆断裂变形

螺杆是连接闸门和机架的刚性构件，启闭机通过螺杆来传递启门力和闭门力。为了防止螺杆超载而产生弯曲，手动螺杆启闭机应设安全联轴器，电动螺杆启闭机除设置安全联轴器外，还应设置行程限位开关，来保证螺杆正常工作。螺杆一旦断裂或变形，启闭机就不能正常启闭。

5.8.1　螺杆断裂变形机理

螺杆式启闭机中，其结构形式有固定式和固定摆动式两种。起重螺杆和承载螺母是基本零件。它们是利用螺旋传动原理，把螺母的旋转运动变成螺杆的轴向直线运动，同时把螺母的转矩变成启闭闸门的启闭力。

起重螺杆工作时承受轴向力，即启门力或闭门力。启门力使螺杆受拉，闭门力使螺杆受压。除轴向力，由于螺纹传动时有摩擦阻力，所以起重螺杆同时要承受扭矩。扭矩的大小与螺纹间的滑动摩擦系数有关；对于摆动式螺杆启闭机的起重螺杆，除受上述所说的两种力外，还受因摆动摩擦阻力所造成的弯曲力矩。弯曲力矩与启闭轴向力、摆轴直径和摆轴与轴瓦间的摩擦系数等有关。所以，摆轴的良好润滑也至关重要。

为了保证闸门的正常启闭，在启闭机上要设置行程限位开关和过载保护装置。在闭门过程中，一旦闸门发生卡阻，或在闸门到达底坎时行程限位开关失灵，启闭机的下压力就会大大超过预定的闭门负荷，致使螺杆失稳而弯曲变形或机架上抬损坏机座。

5.8.2　原因分析

螺杆断裂变形的原因主要有以下几个方面。

（1）设计上未设置行程限位开关和过载保护装置。尤其是 20 世纪 70—80 年代由于受到经济条件的制约，一般都不设置，一旦过载便会导致螺杆弯曲、变形。

（2）螺杆、螺母的加工精度不够。配合公差不准，咬得过紧，使扭矩增大，导致螺杆弯曲、变形。

（3）操作、维护不当。操作过猛使螺杆损伤；缺乏润滑或润滑剂失效；螺杆被介质腐蚀；螺杆缺乏保护，或者被雨露霜雪所锈蚀。使螺杆的扭矩增大，强度降低。

（4）闸门门槽有障碍物，在启闭时发生卡阻，启闭力猛增，导致螺杆变形、断裂。

5.8.3　险情判别

（1）对于手动螺杆，在开启时的启闭力一般比关闭时大，当关闭时明显用力比平时大时，不宜强行下压，需检查确认，有没有障碍物和有没有到底坎。有时闸门虽已到底，但仍在漏水，漏水量只要没有明显增大，可暂不处理。若启闭力明显增大，且闸门启闭困难，观察螺杆有没有明显的咬痕、变形和破裂，若有立即采取措施。

（2）对于电动螺杆，若没有行程限位开关和过载保护装置，看到螺杆上出现新的痕迹，应立即关闭，或齿轮、电机出现异常的声音，应立即关闭。

5.8.4　抢护措施

启闭杆断裂、变形后，应及时采取以下处置措施。

（1）如果断裂发生在下部，上部启闭杆和启闭机完好，则用钢丝绳连接闸门和上部启闭杆正常启闭。

（2）如果断裂发生在上部，启闭机不能正常使用，用钢丝绳连接下部启闭杆或直接连接闸门，用葫芦代替启闭机将闸门临时开启。

（3）如果断裂发生在中部，启闭杆和启闭机能正常使用，则采取焊接、捆绑、套管钻孔等措施连接断裂部位。

（4）如果断裂发生在水下，则需专业潜水员进行水下焊接或用钢丝绳连接闸门与启闭杆启闭。

（5）直接更换启闭杆。

第 9 节　钢 丝 绳 断 裂

钢丝绳为闸门与启闭机的连接件，只能提供启门力。闭门靠闸门自重，不能提供闭门力。然而钢丝绳富有弹性，在承受惯性力时，对起升机构起缓冲作用。

5.9.1　钢丝绳断裂机理

在卷扬式启闭机中，D 形钢丝绳应用较多，特点是组成钢丝绳的所有钢丝直径相等。

因此，股内相邻各层钢丝的节距不等，相互交叉，在交叉点上接触。所以它属于点接触钢丝绳。这种钢丝绳的股内排列规律为：中心一根钢丝，第一层包6根钢丝，以后每层比里层多6根。如绳6×19，股（1＋6＋12），绳6×37，股（1＋6＋12＋18）等。由于是点接触，接触应力较高，在反复弯曲工作过程中绳内钢丝易损折断，使钢丝绳寿命降低。

钢丝绳主要承受三种力：由闸门自重、配重、水柱压力和摩擦阻力等引起的拉伸力；钢丝绳在绕过卷筒滑轮时所受的弯曲力；钢丝绳与卷筒、滑轮接触时受到的挤压力。在运行过程中，由于接触应力比较高，钢丝易发生毛刺、局部断丝等现象，降低了钢丝绳的抗拉应力，当启门力接近钢丝绳的抗拉应力时，会加速钢丝的断裂，直至钢丝绳断裂。

5.9.2　原因分析

（1）设计上钢丝绳的规格型号不合理；或钢丝绳弯曲的曲率半径过小，易使钢丝断丝。

（2）使用维护不当。没有按规定涂润滑油，使钢丝绳与螺旋槽之间的摩擦力加大，外层钢丝产生毛刺或断丝；急剧改变升降速度，钢丝绳受到冲击载荷。

（3）发现钢丝绳有断丝后，没有及时采取措施，继续使用，直至断裂。

5.9.3　险情判别

（1）可暂不处理：①钢丝绳表面有毛刺，但钢丝未断；②钢丝虽断，但在同一位置断丝少于3根。

（2）需立即处理：①无规律分布损坏，在6倍钢丝绳直径的长度范围内，可见断丝总数超过钢丝总数的5％；②有3根以上断丝聚集在一起。

5.9.4　抢护措施

（1）绳端断丝：如果绳长允许，可将断丝的部位切去重新合理安装。

（2）断丝的局部聚集超过3根或在6倍钢丝绳直径的长度范围内，可见断丝总数超过钢丝总数的5％时，应立即更换。

5.9.5　使用注意事项

由于绳芯损坏而引起的绳径减小、弹性减小、外部及内部磨损、外部及内部腐蚀，发生这几类情况时钢丝绳都要进行报废更换。

（1）使用前应进行检查。主要检查钢丝绳的磨损、锈蚀、拉伸、弯曲、变形、疲劳、断丝、绳芯露出的程度，确定其安全起重量。

（2）应做到按规定使用，禁止拖拉、抛掷，使用时不准超负荷，不准使钢丝绳发生锐角折曲，不准急剧改变升降速度，避免冲击载荷。

（3）钢丝绳有铁锈和灰垢时，用钢丝刷刷去并涂油。

（4）钢丝绳每使用4个月涂油一次，涂油时最好用热油（50℃左右）浸透绳芯，再擦去多余的油脂。

（5）钢丝绳盘好后应放在清洁干燥的地方，不得重叠堆置，防止扭伤。

（6）钢丝绳端部用钢丝扎紧或用熔点低的合金焊牢，也可用铁箍箍紧，以免绳头松散。

（7）使用中，钢丝绳表面如有油滴挤出，表示钢丝绳已承受相当大的力量，这时应停止增加负荷，并进行检查，必要时更换新钢丝绳。

参 考 文 献

［1］ 张俊峰. 河道工程抢险［M］. 郑州：黄河水利出版社，2015.

［2］ 帅移海. 水利工程防汛抢险技术［M］. 北京：中国水利水电出版社，2016.

［3］ 刘运生. 防汛抢险一百例［M］. 长沙：湖南大学出版社，2000.

［4］ 肖纯宝，魏传龙，张维波. 浅谈汛期黄河根石坍塌险情产生原因及抢险对策［J］. 科技信息，2012 (19).

［5］ 万泉，王骏秋，蔡玲玲. 大型水闸水下修补工程施工实践探讨［J］. 水利建设与管理，2016 (11).

［6］ 魏洋，张希，邵虎，等. 桥梁水下结构与空洞修复技术［J］. 林业工程学报，2017，2 (3).

［7］ 谭泽斌. 柳石枕在防汛抢险中的应用［J］. 山西建筑，2011，37 (18).

［8］ 汤怀义，孟瑞峰，崔庆瑞. 浅谈坝垛坍塌险情的抢护［J］. 水利技术监督，2011 (5).

［9］ 杜云岭. 河道修防工［M］. 郑州：黄河水利出版社，2012.